U0322925

新中产家庭理财第一课

徐建明______________著

四川人民出版社

图书在版编目（CIP）数据

新中产家庭理财第一课 / 徐建明著. —成都：四川人民出版社，2019.9
ISBN 978-7-220-11514-1

Ⅰ.①新… Ⅱ.①徐… Ⅲ.①家庭管理—财务管理—基本知识 Ⅳ.①TS976.15

中国版本图书馆 CIP 数据核字(2019)第 153052 号

XINZHONGCHAN JIATINGLICAI DIYIKE

新中产家庭理财第一课

徐建明　著

责任编辑	杨　立　罗　爽
责任校对	左惠子
责任印刷	周　奇
策　　划	杭州蓝狮子文化创意股份有限公司
出版发行	四川人民出版社(成都槐树街 2 号)
网　　址	http://www.scpph.com
E-mail	scrmcbs@sina.com
新浪微博	@四川人民出版社
微信公众号	四川人民出版社
发行部业务电话	(028)86259624　86259453
防盗版举报电话	(028)86259624
制　　版	杭州中大图文设计有限公司
印　　刷	四川五洲彩印有限责任公司
规　　格	170mm×230mm　1/16
	13.25 印张　194 千字
版　　次	2019 年 9 月第 1 版
印　　次	2019 年 9 月第 1 次印刷
书　　号	ISBN 978-7-220-11514-1
定　　价	49.80 元

目录

基础篇

缓解财富焦虑，先从思维上“脱贫”

第一章 懂点“钱”，你能过得更体面

第二章 你的家庭财务状况“亚健康”吗？

第三章 别等中年危机爆发，才做理财规划

进阶篇

新中产家庭财富保卫战

第七章　风险管理：给你家的财富上个保险

实战篇

理财，让生活更美好

第八章　花钱之道

第九章　买房那点事儿

第十章　打造优质生活

基础篇

缓解财富焦虑，先从思维上“脱贫”

第一章
懂点“钱”，你能过得更体面

❶ 钱的流动规律

在开始理财之前，我们需要先了解金钱的规律。

这个世界上的事物有两种分布规律：一种是相对平坦的分布，比如我们每个人的身高、体重都有差距，但差距不大；另一种就是悬殊极大的分布，比如我们的财富。最贫穷的人和最富有的人之间，在财富上可以相差几万倍、几亿倍，甚至几千亿倍。

为什么这个世界的财富是这样分布的？为什么有一些人赚钱似乎非常容易，而有人辗转忙碌还挣不到钱？人与人之间财富差距能够简单归结于社会分配不公吗？为什么一个人的财富水平常常跟他的负债水平一致，而和工资收入关系不大？为什么20年前买房的人都发财了，仅仅因为过去20年里房价一直在涨吗？

为什么我们周围很少有人靠炒股发财,而真正实现财富成功的人,绝大部分都是靠做企业起家?所有这些现象背后都有一只看不见的手在发挥着作用,这只看不见的手就是财富的运动规律。所以,我们要想获得财富上的成功,就必须真正了解财富的运动规律,这样才能把握财富,运用财富,最终实现财富的增长。

首先,人们通过劳动和工作获得报酬(这些报酬一般来说是以金钱的形式支付的)。当他们通过金钱购买等价物实现消费时,金钱就从消费者转移到了生产者身上。除却税负及成本,生产者还需要支付给员工一定的劳动报酬,并用剩余的经营所得再进行消费和投资。这样,金钱就实现了循环流动。

我们的报酬不仅仅用于即期消费,还有一部分会作为储蓄以备未来之需。通常人们不会将钱放在家里,而是选择银行等机构进行存储,保障本金的同时还能获得少额利息。

有在银行储蓄存款的,自然也有在银行贷款的。银行将储蓄者的“闲钱”提供给贷款者解决燃眉之急,完成资金对接。储蓄者和贷款者各取所需,银行也有利可图,一举三得。这种方式就是所谓的“间接融资”,因为银行在其中扮演了中介的角色。

当然还有其他的融资方式,如“直接融资”,这些融资方式是通过资本市场来实现的。为扩大生产和经营,急需用钱的企业做出归还本金附加利息的承诺,并将此制成具有法律效用的合约,这个合约就是债券。

现在也有很多人选择用另一种方式还钱,即将企业一部分权益让渡给出资人,如果未来企业盈利,出资人将凭此获得相应收益。这就是我们俗称的“股权融资”。

无论是债权融资发行的债券,还是股权融资的发行股票,都是通过资本市场把钱直接交到需要用钱的机构手上，所以这种融资方式叫“直接融资”。不过在资本市场，不管是通过债券还是股权进行融资，都有很高的门槛，不是普通个人或者一般小微企业可操作的。

那么我们普通老百姓，包括大量的小微企业，如果需要融资该怎么办呢？针对这个问题，人们发展出了一套普惠金融，即俗称的P2P。通俗解释就是通过一个中介机构将金钱需求方和供给方连接起来，实现资金对接。

因此，无论是银行、资本市场，还是P2P，甚至民间的相互借贷，本质上都是资金从有闲钱的人手上流动到需要用钱的人手上，让需求方获得资金的支持，让供给方的钱充分发挥效率，同时供给方还能获取一定收益。

所以金钱的运动方式无非就两种，一种是生产、经营、消费的运行；另外一种就是资金投资、融资的运行。财富一直就在这两个圈子里面转。生产消费的环节涵盖了我们工作、消费等方面，在这一环节中，对应的机构有企业和商家。资金的融通环节涉及的机构更多，包括银行、证券公司、基金公司、信托公司、资产管理公司、资产评级公司、金融中介咨询机构等。当然，在这些机构上面还有监管整个市场运行的国家管理机构，由央行、证监会、保监会、银监会、商务部门和税务部门组成。这些机构协调运作和管理，共同实现了整个社会的经济的运行和财富的流动。

以上是大家理财前必须了解的基本常识。另外，理财还有一个基本前提，就是要在守法以及遵守社会道德规范的条件下，实现个人幸福感的最大化。除了不参与赌博、欺诈等违法犯罪活动，投机取巧的行为也要避免。遵从做人做事的原则，在理财过程中是极其重要且有用的。

❷ 以钱生钱的奇迹

我们理财时会将现在赚到的钱留一部分到以后再用，但是这种把金钱在使用时间上延后的行为会产生一个问题——钱的购买力会下降。一笔钱的实际购买力会随着时间的推移不断地下降，这种现象叫通货膨胀。通货膨胀是现代法定货币的一个基本特征。

如果没有通货膨胀，理财就很简单：只需要把该省的钱省下来即可。但因为存在通货膨胀，如果你只是简单地把钱省下来，那么就会发现自己变得越来越穷。

幸运的是钱能够生钱，即金钱可以具有复利效应。所谓复利是指一笔资金除本金产生利息外，在下一个计息周期内，以前各计息周期内产生的利息也计算利息的计息方法，通俗来说就是钱不仅可以随着时间的推移生钱，而且生出来的钱又能够再次生钱。通货膨胀让我们同样一笔钱的购买力随着时间的推移按照指数衰减，但复利效应又可以让钱的数量随着时间的推移按照指数增加。

所以，对抗通胀最有效的也是唯一的方式，就是通过投资使你的财富在数量上实现复利的增长。复利和通货膨胀这两个相对的财富规律，背后的本质其实是一回事。为什么钱能够生钱？或者用更专业的说法，金钱为什么会产生时间价值？举个例子，你把100元钱压在你家的床底下，一分钱都生不出来。

假如你将这100元钱借给别人，一年以后别人还给你103元钱，那么这103元钱里的100元钱是你的本金，那3元钱就是利息，那么一年的利息就是3%，这就是钱生钱的规律。

为什么你今年把钱借给别人，一年以后别人还你的钱一定比你最初借给他的更多呢？原因很简单：你把钱借给别人，你也因此放弃了当前的消费，那么对此的补偿一定是未来能够让你达到至少同等的消费水平，而在未来要想获得跟你今天同等的消费水平，所需的钱的数量就会更多，因为在通货膨胀的作用下，钱的购买力会缩水。

当然，我们将钱借给别人获得的收益常常比通货膨胀要更高一些，这里有两个原因。一是人类倾向于看重当前的感受，所以只有在未来达到一个比当前更高的消费水平，我们才愿意放弃当前的消费。二是我们在实际投资过程当中会面临风险：今年把这钱借给别人，明年钱收不回来怎么办？当然这个风险的产生是有一定概率的。那么我们就要想办法对冲掉这种风险。所以我们在获取利息之上，还要再加一项额外的用于对抗风险的收益。

总结来说，我们在做一项投资的时候，获得的收益其实包括了两个部分：一个部分叫作无风险收益；另外一个部分是因为我承担了风险而获得的额外收益，也称作风险收益。

无风险收益大约等于通货膨胀水平，或者比通胀稍高一点。比如购买国债，可以算是无风险，那么其中的收益就可算作无风险收益。而风险收益是与风险的程度相对应的，风险程度越高，风险收益就应该越高。风险收益越高，整体的投资收益也就越高，所以任何一项投资的风险和收益是成正比的。

那么钱放在什么地方可以生钱呢？如果你把钱放在银行里，银行就会给你一定的利息，但利息通常不高，一般在3%～4%。如果你买了某个企业发行的债券，这个企业给你的回报会比你把钱借给银行获得收益要高，利息平均可以达到6%～8%左右。假设你不买债券，而是把钱直接投资到企业当中，比如参股一个企业，或者购买一家上市公司的股票，这时你的收益水平大约可以达到10%～12%。

为什么把钱放在不同的地方，收益水平会不一样呢？一个显而易见的原因是风险程度不一样。但这只是一个表象，本质上来说：投资获取收益是因为投资的过程创造了价值，这个新创造出来的价值就应该由投资者分享，所谓获得投资的收益就是分享创造的价值。价值的创造只存在于生产的环节，所以要想获得收益，一定要把钱和生产的环节联系起来。当你把钱放到银行里，银行会把这些钱借给企业，企业再将钱投入生产，这个过程就把钱和生产的环节连接起来了，所以你的储蓄可以获取一定的利息。

将钱放到银行能获得一定的收益，但因为绕得太远，所以收益就不高。或者说中间环节太多了，把收益都摊薄了。假如你跳过银行，直接把钱借给企业，企业用借来的钱再投入生产，那么你的回报就会更高一点，因为在这个过程中钱与生产的环节离得更近了。当然最直接的就是把钱直接投入企业的经营生产，即参股一家企业或购买企业的股票。因此股票的平均投资收益从长期来看会高于债券，更高于银行。

这就是投资能够获取收益的根本原因。而且这样的收益是按照复利的方式进行增值，其速度往往比一般人想象的要快得多。

理财小建议：把你的闲钱投入到经济运行中去，只有流动的钱才可以成长。

❸ 钱的时间价值

现在我们知道，同样一笔钱在不同的时间点上具有不同的价值。要比较同一笔钱在两个不同时间点上所具有的价值，就要把未来那笔钱折算成现在的价值。这在专业上叫贴现。贴现思维在理财实践中几乎无处不在，极其重要。

假设你一年拿出1.4万元，投到一个投资回报率为20%的项目中，坚持40年，本金加上利润就能达到1.0281亿。这1.0281亿就是你每年付出的1.4万元在40年以后年金的总值。当然这个总值又可以转化成下一个年金的现值，比如这1.0281亿在退休以后每年取1000万，直到去世。每年所取的1000万就是你的退休年金，而这个退休年金的现值就是1.0281亿。其实这两个例子合在一起，就构成了我们理财最常见的一种财务运行的模式：年轻的时候不断存养老金，到退休以后再定期从养老金账户中支取养老金。其实理财无非就是把你对财富的运用从一个时间挪到另外一个时间。

现在大部分人买房都会选择按揭贷款。什么是按揭贷款？就是你买房子，房子价值100万，你先支付了30万，剩下70万由银行帮你先垫付。这种情况下，你未来要通过每个月支付一笔还款额来弥补所欠的这70万。通过计算可以发现，你未来每个月的还款额乘以还款所需的总月数，远远大于当初欠银行的70万。因为你是用未来的钱还银行，而未来的钱跟现在的钱比起来，价值要低很多。换个方式说，银行认为你未来每个月还的钱，贴现到现在，正好就是你贷款的额度。在过去的20多年时间里，我们银行按揭贷款的利率远远低于资本的收益率，所以你贷得越多，其实赚得越多。明白了这个道理就能理解为什么民间会有这样的说法：一个人的财富水平往往跟他的负债水平是成正比的。

当然，获得财富成功，适度的负债是很重要的因素，但不是唯一的因素。跟负债相对应的就是成为债主。什么样的人是债主呢？那些到银行去存钱的人就是债主。在银行的资产负债表里，储蓄余额就是负债，而存款人就是银行的债主。在银行的整个经营过程中，一个极其重要的环节就是增加存款，从而扩大负债。当它的负债越高，这个银行的经营状况就越好。

关于年金的具体计算公式在此不赘述。它背后的逻辑其实就是货币的时间价值，即金钱的数量随着时间的推移按指数规律上升，同时每笔钱的价值也按照指数规律衰减。那么这个指数规律是什么呢？简单来说，就是如果一项投资的预期年化收益率是 i 的话，那么这笔钱将会按照 $(1+i)^N$ 的指数不断增加，而 N 就是投资的年数。如果 i 是每天的收益率，那么 N 就应该是投资的天数。鉴于此，我们可以发现复利要想发挥出威力必须有充足的时间；短暂的时间里，复利的效果并不明显。对比来看，生活中还有一种利息的计算方式叫作单利。当我们在银行储蓄金钱的时候，银行给予我们的就是单利。或者你在做某项投资时，把每年赚到的钱都取出来并且不再投资，这个时候你每年获得的利润就是单利。单利的财富增长公式就不再是 $(1+i)^N$，而是 $1+N\times i$，单利不是复利那样的指数关系，而是乘积关系。单利跟复利在短期内差别不大，但是从长期来看，二者有着天壤之别。比如年收益 10%，如果按单利算，两年赚 20%，按复利算两年就是 21%。虽然这样看只是差了一个百分点，但是如果到 10 年、20 年甚至更久以后，相差的就不再是一个百分点，而是数十个乃至上百个百分点。

了解了财富的复利式增长原理之后，我们再看看以下几个生活中的例子作为延伸。

比如信用卡一般都有30天到60天的免息期，这实际上是信用卡公司给信用卡使用者的一个巨大的福利，大家应该充分利用。一旦过了这个免息期，信用卡公司收取的利息将达到16%～18%，甚至更高。很多信用卡公司推出了可付最低付款额的服务，即这个月偿还最低付款额即可，无须全部付清。但这种服务的本质其实是让持卡者向信用卡公司再借一笔钱，而这笔钱的利息是非常高的。

比如很多人困惑买房应不应该按揭贷款。从时间价值的角度上看，应该尽量使用按揭贷款，而且贷款的额度能用多少就用多少，能够越长期限还款就越长期限还款。那为什么在上一个例子中我们不选择在信用卡内借款，而买房子又要尽量多的用银行贷款呢？原因就是在于利率，信用卡借钱的利息高达16%～18%，而银行按揭贷款的利息通常只有6%～8%，相比信用卡，这是一个极其优惠的利率水平。就当前社会来看，我们财富创造的效率大概在10%～15%，也就是一笔钱如果运用好的话，平均能够获得10%～15%的收益。如果你能以比这更低的利率借到钱，实际上就是赚到了。反之，如果你借钱的利息比这个数字高，甚至高很多，则要小心。因为你借的越多，其实亏的越多。

再举一个例子，我们买车可以一次性付款，也可以分期付款，甚至是零首付分期付款，即在未来3年到5年之内，每月付一笔钱。有些公司甚至声称不仅零首付还可以零利率。所谓的零利率是什么呢？假设车价48万，可以每月付1万，总共付4年，总共也就付48万。那么按照前面讲的逻辑，汽车公司不是吃亏了吗？确实，这样的付款方式是汽车公司的一种让利行为。如果你一次性付清全款，汽车公司将会给予你各种优惠，比如折扣、免费保养等。如果你选择分期付款，汽车公司会把这些因为分期付款导致的利息费用与优惠相抵消。所以大型汽车公司旗下往往有自己的财务公司或部门来制定相应的方案，便利消费者。

对于商家这样的安排，我们可以先算一笔账，如果一次性付款所花费用是多少，优惠又是多少；如果分期付款，预期费用是多少，能获得多少优惠。比较两者之间的差距，权衡之后再做决定。如果你会计算复利的话，就可以发现，使用分期付款实际上相当于向汽车公司借了一笔钱。如果这笔钱的利率较低，即可选择分期付款；如果利率很高，建议放弃。事实上这种分期付款的方式，在消费领域都是通用的。

理财小建议：只有错买的，没有错卖的。在日常的消费中也要用到理财的知识。

❹ 变得更为富有

改革开放后，中国进入了社会主义市场经济时代。这个时代的特点在于：一，个人可支配的财务资源越来越多，比例也越来越大，而由国家统一支配的财务资源的比例在日益减少；二，个人的生活方式逐渐多元化，投资理财的工具也是丰富多样。把金钱存储在银行的单一理财方式被多种投资理财工具取代，以前习惯了的从一而终的就业模式也消失了。我们在不断地变换工作，不再是捧铁饭碗的单位人，而整个社会新的社会保障体系也在重建当中。这一系列的变化使得我们必须对自己的生活和财务状况负责。鉴于此，我把具有这些特征的时代统称为个人理财时代。在这个时代里，理财是获得人生成功的一项不可或缺的技能。

改革开放几十年来，人们一直怀着高涨的热情积累财富，事实证明我们中国人确实富裕了起来，但是整体的幸福感是不是也在同步增长呢？可惜，结果并非如此。原因很简单，大部分人对未来的美好生活没有一个完善的规划，所以虽然赚到金钱，生活状态和质量却没有得到真正的改善。而理财规划就是要解决这个问题。

那么到底什么是理财规划？理财规划的内容非常繁杂，简单总结一下可将其划分为人生和金钱两个部分。关于人生的部分涉及人生不同阶段的核心问题，比如职业规划、婚姻规划、子女养育和教育规划、退休养老计划，乃至于最后的遗产规划等；涉及金钱的规划包括现金规划、税务规划、保险规划、消费规划、债务规划、综合投资规划等。所有这些不同类别的规划，都是个人整体家庭财务的方方面面，是同时存在的。因此一个完整的综合理财规划需要周全考虑各个方面。

在进行理财规划时，我们遵循的一个核心原则就是平衡，所以我们不认可月光族挣多少花多少，丝毫不考虑未来的放纵；同时也反对那种异常节俭，一心想着攒钱留到未来花的克制。我们既反对因恐惧风险而只愿意存钱的理财方式，也不赞成为高风险投资倾其所有的投机行为。在制定理财规划时，首先要做好的是家庭的保障安排，但是又不建议把过多的财务资源都花费在保障上，降低整个家庭的财务效率。所有这些理财的常识和规则其实都基于均衡运用财务资源的原则。

讲到理财，最重要的还是金钱观念问题。其实很多人对待金钱的态度是非常矛盾的。举个例子，我们在春节拜年的时候都会说恭喜发财；传统里人生三福“福禄寿”也是把钱放在第二重要的位置；先哲司马迁也曾感慨“天下熙熙，皆为利来；天下攘攘，皆为利往”。可见，我们的生活的确世俗、现实，因为我们没有那些宗教传统的束缚，无须掩饰自己对金钱的炽热追求。但是另一方面，有些人又往往羞于谈金钱，称金钱有“铜臭味”，是害人精。面对资本家和财富雄厚的企业家，免不了带有几分仇富心理，甚至持有有钱人就天然不仁义的偏见。

我们对待金钱的矛盾态度的根源，在于我们对金钱没有一个正确的认识。那么到底什么是金钱呢？我认为金钱是现代社会衡量一个人对社会贡献的量化指标。当一个人对社会做出了贡献，他就能够获得相应的金钱回报。比如一个人工作了1个月，获得了1万元钱的工资，这1万元钱就是他这1个月的工作创造的价值的衡量。大家理解了这个概念，就会明白社会应该尊重有钱人的道理。因为这些人为社会做出了贡献，理应获得财富。所以如果你想获得财富的成功，首先就要学会尊重金钱，尊重付出和贡献。将心比心，在尊重金钱之前学会尊重富人。

大部分人都想变得富有。其实要想成为富人很简单：向富人学习就行。那么富人和穷人究竟有什么区别呢？第一个区别就是，富人都是努力让金钱为自己工作，而穷人则是努力在为金钱而工作。其实，穷人并不是不努力。有些人奔波忙碌终生，但是还是穷人，为什么呢？就是因为他没有学会让金钱为自己工作。第二个区别就是富人都是为了自己的目标和需求来学习。穷人往往读书的时候刻苦，却没有明确的财富目标。富人在读书时就会思考如何积累财富，甚至只要有好的机会，书读到一半也可以放弃，转而挣钱。但是，他们在挣钱的同时也从未中断过学习。经年累月，穷人依然贫穷，富人却日益富有。第三个区别在于眼光。决定财富的不是眼前的状况，而是未来的趋势，财富成功的人一般都顺应了未来趋势，追赶潮流，有的甚至还能引领潮流。在人们还未察觉的时候，他们已经确认了未来的方向；而在众人都趋之若鹜的时候，他们可能已经全身而退了。穷人则截然相反，常常是随波逐流，可惜大势已去，再无甜头可尝。第四，富人和穷人还有一个最本质的区别，那就是穷人恐惧风险，而富人却往往勇于承担风险。

理财小建议：成为富人是一种选择，如果你选择了富人的生活理念和对待金钱的态度，你就有可能变得更为富有。

第二章
你的家庭财务状况“亚健康”吗？

❶ 生命周期的不同阶段

要想透彻了解自己，就得从理财的理论基础——“生命周期理论”入手。从个人生命周期出发，掌握生命各个时期的特点，结合自身实际情况来设计安排财务资源。说得更通俗一点，该怎么规划金钱完全取决于你现在所处的生命状态。从财务的角度来说，生命周期可粗略地分成三个阶段：第一个阶段是成长阶段，在此期间我们没有经济独立的能力，依靠父母抚养；第二个阶段是工作阶段，这时我们开始创造财富，开始在社会上独当一面，并且成家立业，抚育后代；第三个阶段是退休阶段，此时我们年事已高，进入退休生活，依赖过去积累的财富实现养老。当然，这是最粗略的划分。以此为基础，我们还可做更细致的划分——把人生划分成六个阶段：成长期、单身期、家庭形成期、家庭成长期、家庭成熟期和老年期。

第一个阶段是成长期，就是工作前的时期，理财的核心任务就是学习知识，提升自身的价值。另外，在此期间我们还不具备赚钱的能力，财务也没有独立，还属于父母家庭的一部分，但俗话说“三岁看大、七岁看老”，生活习惯都是从小养成的，所以养成科学合理的消费习惯是这个阶段理财的重点。父母在孩子还小的时候就培养其良好的消费习惯是我们理财的一项重要内容。

第二个阶段是单身期，是开始工作、财务独立，但还未结婚、无须承担家庭责任的时期。所谓一人吃饱全家不饿讲的就是人生的这个阶段。这个阶段的基本特点就是刚刚进入职场，事业未攀高峰，工资不高，但是负担较轻。很多人在这个阶段往往是“月光族”。但其实这是为将来成家立业储备资金的黄金时期，所以要开始攒钱，改掉“今朝有酒今朝醉”的习惯。这个阶段人生还具有很多不确定性，即很多人生活空间、职业和生活方式都是不确定的。因而在理财上尤其要注意以下几点：一，一定要开始攒钱；二，职业发展是这个阶段的重中之重，因为你的收入决定了未来的财务水平；三，在投资上要谨慎小心，因为此时的财产将用于成家立业，所以在选择投资产品时候，应考虑相对短期的产品。

第三个阶段是家庭形成期——从结婚到生儿育女。家庭成员从一个人吃饱全家不饿，到两人世界，再到孩子的降生，最终形成社会最核心、最小的完整细胞：核心家庭。这个阶段的特点与前面截然不同，需要花费金钱的地方特别多，且金额较大。即便夫妻俩收入并不低，也很难存得下钱，一般都要依靠以前的积蓄，甚至还需要父母的资助。家庭形成期的理财有几个要点。第一点就是控制债务，此时成家立业、购置家庭固定资产等人生最主要的消费购买都会发生在这个阶段，因此将负债控制在自身财务能力范围之内极其重要；第二则是适度消费，特别是大件消费上要量力而行，不一定把所有这辈子想要的东西都在这个阶段买齐。包括购房也不是一定在结婚的时候就要完成。而且在这一阶段，因为有了孩子，保险保障等也是考虑的重点。

第四阶段是家庭成长期。这个阶段通常事业已经稳定，家庭该置备的物件已经添置。这是人生最稳定的阶段，且相对来说期间比较长，所以可进行积极稳妥的投资，增加储蓄，做好保障。孩子的教育支出不少，养老资金的储备也势在必行。如果之前就已准备充分自然很好，如果还没有准备，就要抓紧时间加倍筹谋，否则就太迟了。

第五个阶段是家庭成熟期，孩子已长大成人，进入社会打拼。一般来说，该阶段也是收入最高的时候，需要花费金钱的地方也少，因而是增加家庭财富积累的绝佳阶段。但因为年纪渐长，相对以前来说投资意向趋于稳健。其实到了这个阶段，保险可以适时安排得少些，因为孩子已经成年，自己身外的资产较多，很多风险可以考虑由自己承担。

最后一个阶段是老年退休期。退休后，大部分人除了退休金以外，通常还要靠之前的积蓄来支持消费，所以这个时期通常是支出大于收入的。同时该时期也是人生消费的黄金期。这时基本不太需要保险，投资相对安全。

以上生命周期理论的六个阶段，大家可以对号入座。但在做相应的财务规划时，还有以下几个因素需要认真考虑：第一，生活方式和生活观念在未来是否会有变化？这些内容的改变将深刻影响未来的理财规划；第二，思考对目前职业的满意度，考虑是否需要跳槽或从事其他行业；第三，是否有意调整个人状态，比如是否有成家立业的打算等。

了解自己，还要对自己的风险特征有所了解。换句话说，一个人购买的投资理财产品的类型，要与自己的风险特征匹配才行。传统的观点是："年轻人可以不惧怕风险,老年人才担心风险。"但这是错误的认知。一个人的风险特征包括三个方面:风险偏好、风险承受力和风险认知水平。风险偏好跟年龄无关,跟个人的生活经历有关系,有的人天生喜欢冒险,有的人则厌恶风险。风险承受力与年纪有关,通常老年人风险承受力比年轻人要弱一点。风险认知水平则取决于投资理财的知识水平和人生阅历。

其实风险承受力又包括两种风险:一个是身外之物的风险,一个是自身的风险。对老年人来说,身外之物的风险承受力会降低,因为他生活的保障就是这些身外之物。但年轻人恰恰相反,他的风险承受力较强,因为对他们来说,最大的资本就是自己。所以年轻人更加需要保险,而老年人在投资上可能需要更加谨慎。

当然,我们在理财时要考虑的不光是自己,还要考虑家庭成员。举个例子,2005 年,有人曾找我帮忙理财。了解他的财务状况之后,我发现他在香港的一家银行里存了 15 万美元。他表示这笔钱是他父亲留给他的孩子以后去海外上大学用的。当时他的孩子只有两岁。显然,这不是一个恰当的安排。首先,储备的货币不对;其次,如果想要长期储备,完全可以制定一个更积极的资金安排,获取更高的收益;再次,除了养老这件事情越早安排越好,其他事原则上不要做跨生命周期的规划。如果孩子还很小,就暂时不要考虑未来的教育规划。

理财小建议:做好财务规划的前提是做好人生规划,因为我们财务资源的全部安排都是为实现我们人生的目标服务的。

❷ 两张表弄清家庭财务状况

理财第一步，就是制作你的现金流量表和资产负债表，然后找出其中的问题，并且做相应的调整，从而形成全新的、符合你家庭状况和理财目标的资产负债表和现金流量表。这个过程就是制定理财规划并且据此进行实际操作，还要随时管控你的资产负债表中的一切变动，使它按照你希望的方向发展，直至达到你的各类理财目标。

先来看现金流量表。现金流量表分为两栏：一栏是收入，一栏是支出。顾名思义，现金流量表指的是一段期间的现金流量。在收入栏里，收入要进行细分，比如哪些是稳定的工资收入，哪些是变动的奖金收入，还有类似于中奖类的意外收入，有的还会获得投资性收入。注意，现金流量中的投资性收入是已经兑现的投资性收入。比如，你的房子从去年的 100 万涨到现在的 120 万，但你还住在房子里，这 20 万没有变成现金，就不能列为现金流量的收入。

衡量收入，有一个关键性的指标是被动收入比例，就是在总收入里被动收入所占的百分比。一个人被动收入比越高，说明理财越成功。影响被动收入高低或者理财成功与否的重要指标，就是被动收入的稳定性以及与整个市场的比较。举个例子，2006 年如果你以 50 万本金炒股赚了 30 万，实际上理财并不能算成功。原因在于这 30 万收入不可重复，因为 60%的投资收益在正常股市里属于极其特殊的情况，不可期待未来还有这样的年景；从另一个方面来说，投资收益虽达到了 60%，也不算成功，因为你的投资收益还没有达到市场的平均投资收益水平——

2006年上证指数大涨了将近100%。

在分析未来收入变动趋势这一栏里,还要对自己所从事职业的未来发展了解透彻,尤其是一些竞争激烈的行业,比如互联网行业,未来变动巨大,一定要做好预期。

现金流量表另一栏支出的类别包括:房租、贷款、保险这类金额稳定且具有强迫性的固定支出;金额可调节的水电、衣食、交通等必要支出;以及灵活性支出,如健身、娱乐等方面的支出。这三类支出最大的区别在于其支出弹性。强迫支出是必须要支出的,且金额不可改变,支出弹性几乎没有;必要性支出的金额具有一定的弹性;而灵活性支出甚至可以全部节省下来,弹性最大。

制定完整准确的现金流量表的意义在于,它能清晰地呈现家庭财务问题的所在,找到了家庭财务的问题,才有利于解决方案的制定。

在列家庭现金流量表的支出时应注意:一,意外性支出不属于常规支出。比如你开车出车祸选择私了,赔了人家3000元,这种支出属于意外支出,和中大奖的意外收入一样都不具有重复性,可以忽略。二,提前预估未来将要花费的大额支出,并提前做好相应的现金流安排。三,对未来支出可能产生的变动要做好预期。比如买了车,就意味着每个月的交通费支出要额外增加车价的1%左右。所以在做出买车决定之前,要先考虑自己的收入承受能力。

现金流量表的收入和支出都写明以后,就可以算出收入减去支出的结余。在财务上有个指标叫结余比例,是每年结余与净收入之比。通常我们建议大家的结余比例不要低于10%,但最多也不要高于70%。年收入100万的,支出达到四五十万一年是合理消费;如果只花10万元钱,结余比例达到90%,一味地存钱,反而违背了理财的初衷。理财的最终目的是让我们合理消费,生活幸福,而不是沦为金钱的奴隶。

现金流量表是以一个时间段(通常为一年)为单位的表格,而资产负债表则是某个时间点的财务数据,强调某一天、某一时刻的资产和负债。前者为流量概念,后者为存量概念。资产负债表也分两栏,左边是资产,右边是负债。总资产减去总负债就是你的净资产。

跟收入一样,资产也要分类。第一大类是金融资产。金融资产又分为三类,第一类是现金或现金等价物,包括口袋里的钱、银行活期存款、一年之内到期的定期存款和理财产品,如货币基金。第二类是固定收益或准固定收益资产,包括购买的债券、信托和较长期的理财产品,凡是承诺有回报的和还本期限的证券都属于这类。注意债券型基金和信托产品只能算是准固定收益产品,但因为它们的特性跟债券基本上一样,所以我们也将其归为第二类。第三类则是非固定收益资产,最典型的有股票,以及股票型基金、平衡型基金和偏股型基金等。除此之外,权证和其他一些复杂的结构性产品,也都属于金融类资产,可列在非固定收益栏目下。

资产的第二大类就是房地产资产,包括自住的房子和用于出租的、投资的房产,商品住宅、商铺和办公楼。房子的面积、位置要在资产负债表的备注里标明。

第三大类就是实物资产,指实在的可见东西的价值,比如车、收藏品、名贵家具、贵金属等等。这些东西的特点在于价值较高,可变现。

第四大类就是企业资产。如果是上市公司,按照市值计算即可,非上市公司可以按照五倍市盈率估算其价值。企业的资产价值与固定资产等概念中的“资产”含义不同,赢利能力才是它的关键。赢利能力弱的,不赚钱的企业,其资产价值等于零。

其实我们每个人拥有的资产都比想象的要多,有的是隐藏的资产,有的则是预期获得的资产。如果要更详细一点亦可列出来。比如我们的公积金账户,里面的金钱严格上可列入现金栏。还有保险,大部分保险拥有现金价值,即存在保险公司的钱的所有权属于我们。还有一些是不确定的资产,即金额、时间可能不确定,这类资产主要来自保险金和遗产。

资产负债表的负债可分为短期负债和长期负债。比较常见的负债有信用卡欠款、住房按揭贷款和消费性贷款。负债的金额、偿还期限以及利息都要清楚罗列出来。所有的负债加在一起,就是总负债。资产和负债都是一个时间的变量,在资产负债表中列出的应该是资产负债表制定时刻的价值,而不是最初购买时的价值。比如10年前你花100万买的房子,在资产负债表中要列出的不是100万,而是这个房子现在的市场价——很可能是500万了。同样,股票资产也应当以制表当天的收盘价来计算。

资产与负债之差,就是净资产。这些就构成了我们的资产负债表。

理财小建议:要看病先体检。你的两张财务报表就是你家庭财务的体检表。

❸ 财富“体检”：家庭“负债”合理吗?

资产负债表用到的一个核心公式是：**总资产＝净资产＋负债**。

我们从中可以发现负债越多，总资产就越多。那么资产负债表里体现的这一规律是否合理呢？

其实，看资产负债表是否合理，不光要看总量，还要看整个资产的流动性、安全性和收益性，即“投资的三性”。

首先是对流动性的考量，其核心在于至少要保持能够支付你6个月日常开支的应急资金随时可以取用。除此之外，在未来12个月内，你要用到的大笔开支也要以现金的形式存在，不能用来做一些不确定的投资。

举个例子，一个小伙子手上有30万，这是打算半年后结婚用的钱。他想用这30万先炒个股，到结婚的时候再把它取出来，说不定就赚了一笔。这从理财上说是完全错误的做法，因为这是一年内要用的钱，是不可以用来炒股的。

其次是对资产安全性的分析，不能只看资产里是否有不确定收益的投资。股票、房产比较多也不一定代表不安全，因为资产的本质不体现在简单的数字上，而是体现在购买力上。如果我们要保持相对稳定的购买力，那么我们既要考虑投资的风险，也要考虑通胀风险，有时候甚至还要考虑汇率风险。

再次是分析资产的收益性。除了要考虑投资收益率以外，还要考虑投资比例。这里还有一个公式：**总资产收益率＝投资资产的收益率×投资比例**。如果投资比例过低，总资产的收益率也会变低。举个简单的例子，2006年，中国股市走了一波大牛市,涨了将近100%,有人用10万元钱投资股市赚了12万,那么他的投资收益率是120%。这是一个极高的收益率,甚至超越了整个市场。那可以说这笔投资非常成功吗?如果他只有这10万元钱,那么这笔投资显然是成功的。如果这个人有200万的现金放在银行里,只从中拿出10万元钱投资股市,看起来这10万元钱的收益很高,但他整个资金的收益仅仅只有6%,所以这笔投资不能算成功。

分析投资,特别是分析非固定收益投资的收益性并不简单。因为股市、房地产市场在不断变动,有的时候大涨,有的时候又会出现调整,所以我们不能只看短期,而应该分析这个市场的长期趋势。

当然家庭资产的配置和组合没有绝对的好和坏,关键要看是否与个人的理财目标相适应,是否与个人特点相适应,是否与所处的社会环境和生命周期阶段相适应。这就是我们做理财规划、调整资产组合配置的出发点和原则。

这里特别还要重视个人因素。它涉及的内容非常广泛。举例来说,比如一个人对酒深恶痛绝,那么即便是一家再好的酒类上市公司,他也不会去买其股票。这样的投资偏好和选择,其实来自个体的内在取向。所以,一个人内在的价值观、生活方式、生活态度,对投资理财的影响非常大。

众所周知,投资的经验决定了你对这种投资方式的把握能力,而投资的知识又决定了你是否能够尽快地熟悉、了解和把握这种投资。比如,股市投资其实需要大量的财经知识和企业管理经验,但有趣的是,股市中大量的散户投资者恰恰完全不具备股市投资知识和相关经验。这无疑是我们在投资上要克服的心理偏差。投资偏好也是一种心理的偏差,往往有些人在某一项投资尝到甜头以后就不断加码,甚至只做这一类投资。这其实都是因为他的投资经验使他产生了某种投资偏好,从而导致资产配置的不合理。要规避这种心理上的偏差,最基本的原则有二:第一是要均衡分配,第二是要选择适合自己的投资产品,不要去追热点。投资中最基本的原则之一就是“明白投资”,即在做投资的时候,至少知道这个钱投在了什么地方,这个地方是怎么创造财富的。

理财小建议:了解自己,不光要了解自己外在的财务数据,还要了解自己内在的偏好和特征。

第三章
别等中年危机爆发，才做理财规划

❶ 财务自由还有多远？

赚钱有两种基本方式：一种是劳动性收入，获取劳动性收入通常是找一份工作；第二种收入方式就是通过钱来赚钱，也就是被动性收入。理财重点强调的是如何增加被动性收入。

我们可以用自由指数来衡量我们与财务自由的距离。自由指数是被动收入与总支出之比。如果比值大于1，理论上代表我们实现了财务自由；反之，就意味着我们离财务自由还有差距。如果想要实现财务自由，就要努力增大这个比值。

大多数人目前还离不开通过劳动来赚钱的，劳动性收入是我们的安身立命之本。理财的目标就是将以劳动性收入为主要经济来源的生活方式逐渐转变为通过被动性收入来获得自己想要的生活，即学会用钱来赚钱。

不过，被动性收入首先应当是长期可持续的稳定的被动性收入，比如房租收入。其次，被动性收入的增长速度应该超越通货膨胀速率，甚至超越“身边的人”——即社会消费水平增长的步伐。

因为生活方式的变化、生活空间的变化、各类风险等都会使得消费水平急剧提高，从而影响财务自由指数，所以真正的财务自由与拥有长期稳定的、可以对抗任何市场风险的被动性收入休戚相关。进行全面的资产配置，就是为了应对我们自身面临的各种风险，防止市场的不测风云，使我们的被动性收入更稳定。现代金融工具和理财规划的价值也就在于此。

不久的将来，在一个固定的场所、固定时间内，靠出售自己的时间和精力来获取劳动性收入的方式，会逐渐变得非主流。收入的多少不再依赖个人出售的时间，而是取决于你所创造的价值。

人类的工作方式因而也将发生变化：一方面人工智能取代了大量的机械性事务性的工作；另一方面，人工智能的时代又创造了大量需要人类创造性劳动来完成的工作。对这样的一个时代，我们应该敞开怀抱，主动融入，甚至去引领它，如此才能在未来的职业发展当中成为赢家。

理财小建议：建立多渠道稳定的被动型现金流渠道是实现财务自由的必由之路。

❷ 向富人取经

◎ 有钱人是怎么变有钱的?

很多人认为，想成为有钱人肯定要进行投资。但是通过投资成为有钱人的比例却是出乎意外的低。尽管大部分有钱人都在投资，但这不意味着投资可以帮助我们成为有钱人。投资，特别是金融投资可以改善一个人的财务状况，但很难改变一个人的财务阶层。原因很简单，投资需要本金，而且收益与本金成正比。

有钱人是怎么成为有钱人的呢？答案很简单，就是经营企业。经营企业是成为有钱人的最主流方式，因为整个社会人类活动真正创造财富的核心方式就是经营、运作企业。

有人发现，我们周围进行投资的有钱人的比例可能远超过10%，甚至还有很多人什么也不用做还是很富有。从金融机构每年的中国私人财富投资报告来看，统计上大约有20%的有钱人主要进行投资，还有10%的有钱人什么都不做。这是因为他们把最初经营企业的收入攒了下来，踏入富人的行列，已经无须为衣食发愁，因而可以什么都不做。还有，做投资的人看起来比例很高，但是大部分投资的本金也都来源于企业。就是说，很多富人什么都不做，或者在做投资，这不是他们成为富人的原因，而是结果。

从事普通工作的人只付出劳动，收入自然不高，除非是特殊人才。投资理财的人收入也不高，因为只付出了金钱而没有付出劳动，而且一般不愿意承担比较高的风险。但是企业家都是稀缺的专业人才，他们付出了专业的劳动，还付出了资金，同时还承担了巨大的风险。

企业家的劳动性收入固然跟经营绩效挂钩，但是最主要的是因为他们承担了风险，采购原材料、租赁办公楼、置办固定资产，这些生产之前的费用全由企业家掏；生产完成，顺利销售盈利之后，获得的收入要先给国家纳税，再给员工发工资，然后继续购买原材料，扩大生产，最后如果有剩余，才是企业家的。因为有了前面的付出，最后才有收获，整个投资的环节，自然是企业家承担了最大的风险。所以，企业家的富有不仅无可厚非，而且应当鼓励和保护。

从理财角度讲，企业家获得的收益不完全是被动性收益，部分是他作为企业的所有人因付出的劳动而获得的劳动收入，大部分毫无疑问是他们为企业投入资金并承担风险获得的资本收益，即被动性收入。

也有一些企业老板，连生产经营的决策都不过问，只担任企业的股东。这时的分红收入，就不包含劳动性收入了，纯粹是他用钱赚的钱，也就是用拥有的企业股权赚的钱。这是让我们财富水平发生质的变化的一种方式——创立或者拥有一个经营体系，并最终实现这个经营体系持续、稳健、自由地运转。

获取这样的现金流方式，还可以是购买别人已经成熟的经营体系，也就是加盟一个成熟的企业。比如，开创一个新的快餐品牌很难，但如果有一定的启动资金，可以加盟某家已在市场上拥有一定知名度的餐饮连锁品牌，把它的品牌和经营管理方式买下来，开一家自己的餐厅，这会带给我们持续稳定的现金流。

◎ 创造知识产权

上文介绍了致富的主要方式——经营企业。那么对于其他不一定适合经营企业的人有什么方式能够极大地提升财富水平、获取高额回报呢？答案就是创造知识产权，并且用创造的知识产权给他人带来收益。创造知识产权有两点要求：一是原创，二是他人愿意为该项知识产权付出成本。

最简单的一个例子就是写书。作者写了一本书，即知识产权的创造者，那么书的知识产权能给创造者带来的收益就取决于有多少人愿意花钱购买这本书。

很多学富五车的人并不富裕。比如，教师和科学家这两种贡献斐然的职业就不一定能大富大贵，究其原因是不满足前文提到的两大要素。有些教师确实学识渊博，但不是知识的原创者，而是知识的搬运工、传递者，因此与创造知识产权没有关系。有些科学家创造了知识产权，但是没能开发出能给他人带来价值或收益的功能，无人愿意为此买单，所以也难以致富。

提到创造知识产权，大家的第一印象可能是写书，创作歌曲、文学作品，拍摄电影，又或者是申请专利。其实不仅如此，我们的消费已经进入了个性化的消费时代，这就意味着消费者愿意为创新的、有个性的、有特质的产品支付额外的成本。对于创作者来说，只要在大众消费的产品里加入自己特有的元素就能为产品提供附加价值，这种赋予产品的特殊元素的设计也可以称为是知识产权。

从宏观环境上来看，靠创造知识产权致富也是一件越来越可行的方式。国家逐渐重视在法律层面上完善相关的制度建设，在民众的意识上重视对保护和尊重知识产权的宣传，并提倡为知识产权付出成本。这是一个不容错过的机遇。

综上所述，创造知识产权的收入模式，将会成为我们创造财富的一种日益重要的渠道。

理财小建议：勇于承担风险和创造价值是获得财富成功的不二法门。

❸ 投资组合的门道

◎ 投资组合的两大原则:时间与耐心

上文讲到的经营企业和创造知识产权这两种赚钱方式对大多数人来说,可能并不容易实现。对于我们普通人来说,最适合的被动性收入渠道莫过于投资组合,这也是我们最常见的理财方式。

经营企业和创造知识产权能赚钱,是因为创造了价值、生产了产品,这些产品成为民众幸福生活的必需品。那么买股票、基金、信托等投资组合为什么能够赚钱呢?原因就在于,我们拿省下的钱投资了企业家、科学家和艺术家的创造,从而能够分享他们产品的价值和收益。我们通过把积蓄投入各类投资产品,参与到创造财富的循环中,从而分享收益,使积累下来的资金不断累加。时间将使我们投资的种子长成参天大树,日久天长,一样能使财富增长到预期状态。

投资组合这个被动性收入渠道的最大特点是每个人都可以拥有,而且每个人都需要通过这种方式来管理财富。对于一些企业家,我也这样建议他们:"企业的盈利,不应该全部投入接下来的生产,而要抽出一部分,构建一个家庭资产的投资组合。因为你的企业虽然在持续经营、不断改进和研发新产品,但是市场有不测风云,如果某天一种新技术或新商业模式击败了你,有这个家庭资产的投资组合的存在,起码你日常生活不会受到影响。"除此之外,我给企业家朋友制定理财计划时，也会反复强调一定要把企业和家庭的资产组合隔绝开来，不要互相影响。

同样，歌星、演艺明星和足球运动员在他们职业生涯高峰期的时候，我会建议："现在不要把收入全都花光。如果能在赚钱的时候，留取一部分钱构建投资组合，即使有一天收入下降了，你的投资组合依然能保证你的生活质量，甚至这些积累的财务资源将有助于你东山再起。"

投资组合是一种稳定、长久、受外界环境影响较小的可控被动型现金流渠道。其最大的特点是门槛不高。在构建一个投资组合型收入渠道时，需要遵循两大原则。第一是时间。投资组合性收入渠道相较于经营企业性收入渠道和知识产权性收入渠道，增长速度比较缓慢。它需要通过时间体现复利的威力，所以越早开始构建投资组合越好。第二是耐心。不要指望一夜暴富。投资组合就像种树，它带来的财富增长速度就像小种子长成参天大树一样令人惊叹，但参天大树也只有时间可以造就。

此外，要想种出"参天大树"还要满足以下几个条件。第一，会根据节气和土壤来选择"种子"，或者根据已有的"种子"选择适合的播种时机和地点。不同的时间、地点适合不同类型的"种子"。第二，一旦在适当的时间和地点种下了适当的"种子"，就不要再折腾它了。俗话说"人挪活，树挪死"，不管是种树还是构建投资组合，应该尽量让其自由生长，莫要过多干预。

◎ 设计一个适合自己家庭的投资组合

我们随时都可能消费，应对不时之需以及未来计划的大额支出，这些都是我们需要持有现金的理由。所以在构建家庭资产组合时，务必先以现金的形式构建应急金。应急金只能是现金或现金等价物，不能用于投资。

首先，现金或现金等价物包括我们手上持有的现金、银行里的活期存款或者半年内到期的定期存款、银行发行的各类短期理财产品、风险特征和流动性与现金相似的货币基金、互联网公司推出的各种“理财宝”，以及支付工具里的储蓄。

这些林林总总的现金管理工具都有一个共同特点——风险极低，对应的收益也是无风险收益率，即3%左右，甚至可能更低。

我个人比较偏爱货币基金，包括互联网金融的一些现金管理工具。它们的优势在于：一，收取的费用较低；二，给客户的回报比传统金融机构略高；三，方便。当然这属于个人偏好，有人更倾向于把钱存在传统的金融机构里，这涉及我们之前提到的风险认知水平的问题。

有的人想着“某家银行推出的理财产品收益率是3.28%，而我的理财产品收益率只有3.12%，那我得挪钱了”，其实没有必要。现金管理的核心不在于放在哪里，而在于放多少。有很多人把过多的钱投在了现金管理工具上，使得个人整个资产的收益率大幅下降。因为传统金融机构和互联网金融机构的现金管理风险程度基本上都接近于零，其对应的无风险收益率很难实现财富的实际增长。其实，现金这部分资产，满足总量适中和方便自己使用这两个要求就好。

应急金是我们必须要储备的现金部分，一般来说需要留6个月消费水平的应急金。对于一些工作稳定、社会关系良好且家境优越的人来说，应急金金额降到3个月的消费水平也可以，但最好不要少于3个月的。如果不具有那么良好的社会关系，或者独自在大城市打拼，又或者居无定所，工作没有着落，这时应急金的比例就需要高一点,但原则上不要超过12个月的。

其次,在实际生活当中,我们有时持有的现金数量比所需的应急金高很多,这种做法是不是就一定不对呢?也不是,因为家庭资产现金部分除了应急金之外,还有两种情况需要资产以现金形式存在。第一种情况是在未来一年内一定会用到金钱,要提前将其储备在现金资产管理的工具里。第二种情况是从不确定或高风险的投资渠道上套现的钱,这笔钱为了等待寻找新的投资方向而暂时放在货币市场上。

举例说明,你的孩子预计今年9月份入大学。置办电脑、支付学费等约需要5万元钱。你可以提前半年,在3月份将这5万元钱储存在现金管理工具里,而现金管理工具的到期时间要与用钱的时间吻合。如果想购买理财产品,获取这笔钱的一些收益,则需要保证理财产品的到期时间更早一些。如果没有合适的理财产品,各大主流理财工具、货币基金等也是不错的选择,因为这类金融产品的一大特点就是基本上在到期后的一到二个工作日内就可以拿到钱。同时,切记不要用这笔钱进行自己无法控制的非固定收益的投资。

又比如,2007年股市涨到6000点时,正确做法就是把在股市上投资的资金套现一部分,降低股市资产配置的比例,因为此时股市资产风险过大。套现的钱可以去买一些固定收益的理财产品、债券、信托、房产等。也可将这笔钱放在现金管理工具里,等股票市场风险降低以后再重新配置股票资产。

现金管理工具种类繁多,差别不大,大家选择熟悉的采用即可。记住现金管理工具的三个部分:6个月的应急金、未来一年中必须用到的钱和因为暂时没有适合的投资方向而先放在现金管理工具里的钱。

理财小建议:急用的钱要提前安排。

❹ 定制专属理财规划

◎ 找到你的理财方向

在制定家庭理财规划之前，先来思考一个问题：如果你打算去登山，第一件事情要做什么？

可能有人认为要先购买装备或者是规划线路等，其实不然。在做这些事情之前，我们首先要做的，应该是选择一座要登的山。毫无疑问，登不同的山，置办的装备和所做的准备都是不一样的，理财也是如此。在多年的理财过程中，人们向我咨询各种各样的问题，然而他们理财面临的最大问题是不知道自己的理财目标。事实上，理财的方式和计划，主要取决于你的目标。

理财的目标五花八门，但是归总起来无非三类。第一类，是让当前的生活锦上添花，比如拥有充足的流动资金、把家庭保障安排得更全面、减少家庭债务、提高结余比例和消费水平等。第二类目标，是实现我们未来人生阶段的目标和理想，比较常见的有孩子未来的教育规划、自己长期置业的规划、养老规划以及职业发展规划等；少部分财务基础雄厚的人，还有回馈社会的计划。第三类是最终实现财务自由。

理财目标大致就这三类，但是想要制定好也并不容易，因为我们制定生活目标与财务数据紧密相关。尤其是未来的养老安排，以及孩子教育的费用，既要考虑社会发展的程度、消费水平的提高和通货膨胀的速度，又要结合自己未来财富水平的变化来做相应的安排。

关于理财目标的制定有很多误区。第一个误区就是不重视理财目标的制定。有些人完全没有目标，或者邯郸学步，模仿他人的计划，又或者在制定目标的时候随心所欲，这些都是不可取的。第二个误区就是对复利产生的巨大价值理解不足。通常表现为对未来长期需要的资金数量估计得太少。

理财目标的制定要立足于你的生活目标。所以在制定理财目标之前，首先是要弄清几个问题：第一，目前的家庭状况和计划有没有改变？第二，是否希望改善现在的工作状况、财务状况，比如负债率和家庭保障水平；第三，是否有改变当前生活空间、生活方式的打算？除此之外，还有几件事情也要思考：对你来说现在最重要的事情是什么？目前最重要的人是谁？还有什么人生梦想？按照重要性先后顺序写下来。如果是单身，这件事情可以自己完成；如果已婚，就要和配偶共同商讨，完成一份清单（见表 1-1）。

表 1-1　人生规划参考表

人生规划工作表		
时间	事件	财务资源

其实这件事情并不容易完成，它要求我们必须对社会经济未来长期的趋势有

一定的把握和了解，而且要建立正确的人生观、价值观，生活方式，明确自己人生真正想要的是什么。

在制定理财目标时，应该遵循以下五大原则：第一，理财目标应与生活目标相匹配，因为财务安排本质上是为生活服务的。第二，理财目标要明确且具体，即列清时间和金额这两个数字。比如安排自己的养老规划或者孩子未来的教育规划，就须明确表明什么时候需要多少金钱，两者缺一不可。第三，制定的理财目标须是经过努力可实现的。既要积极进取，又要合理可行；是否积极合理与能够承受的风险特征直接相关。如果过于保守，那就是不思进取，而过于激进则会导致财务安排超出了个人风险承受能力，也会致使最终不能实现目标。第四，要注意长中短期目标的协调一致，长期目标要分解成中短期目标。这样可以使得目标不再遥不可及，而且可以做到及时检验目标达成情况以便及时调整。第五，确定理财目标的优先顺序。当你的各种目标不能如期实现的时候，要决定出优先放弃的顺序。比如你的目标是希望妥善安排父母的老年生活，其次希冀孩子能够到海外留学，最后是在50岁的时候拥有800万并顺利退休。在情况有变必须调整目标时，要如何取舍？是把父母的养老放在一边，还是孩子的留学资金另说？或者是50岁暂时不退休，继续工作几年？这个优先顺序极其重要，涉及财务资源如何安排调度的问题。

此外，在制定理财目标时，我们还需要理解两大概念。

第一是保持财富地位。什么叫保持财富地位呢？我们每一个人对生活的期望往往不是一个绝对的数字，而是在和别人比较的过程中获得的社会位置。举个例子，20年前我们身边大多数人都没有私家车。但是现在就不同了，当我们周围的邻居、同学、朋友和同事都有私家车的时候，你没有私家车似乎就显得格格不入。对绝大多数人来说，对未来生活的要求是要能保持他的社会财富地位，即生活水平要跟整个社会生活水平的发展同步，这是一个基本要求。

第二是保持购买力。简单来说就是我们要在未来能继续保持自己当下的消费状态。在通货膨胀的作用下，我们在未来的消费金额将远超过现在。举例来说，假设未来的通胀率基本保持在3%，那相当于物价在24年后会翻一番——现在1万元钱的消费水平，24年以后需要花费2万元才能与之相当。但是，由于社会的发展，仅仅保持购买力常常是不够的。毫无疑问，24年以后如果一个月只花费2万元钱，其幸福感将远远低于现在一个月花1万元钱，尽管那时候2万元钱买到的东西跟现在1万元钱买到东西一样多。

◎ 安排好家庭财务的十大关系

第一是协调风险和收益的关系。因为金融学的基本原理让我们知道风险和收益永远是成正比的，所以在家庭资产组合安排上，可以尽量积极地进行投资，同时又要注意防范相关的风险，不要让风险超出你的承受范围。

对于你能承受的风险，一个最直观的评判标准就是：你在做某项投资以后，不管市场发生什么变化，都能够平心静气地接受。如果这项投资让你日思夜想、寝食难安，生怕出现一点意外，那么它实则已经超出了你的承受能力。

第二是适度保险和规避风险的关系。我们需要给人生安排相应的保险，以此应对一些意外情况的发生。所谓保险，其实是让别的人或机构来帮你承担风险，当然你也要为此付出成本。

对于你无法承受的风险，不要管它发生的概率多大，一定要利用保险来规避。

当然，保险并不能阻止意外的发生，我们能规避的是意外发生时对家庭财务可能产生的负面影响。但也不要过度安排保险，无论什么事都通过保险来解决并不可取。

第三是资产分配中保持现金流和投资花费的比例关系。如果你把暂时不用的钱都存在银行，而不做适当投资的话，你将会面临巨大的通货膨胀的风险。但是如果你把所有的钱都拿去投资，那么一旦你急用钱，而这个投资还不到退出时机或期限，也可能给你的生活带来巨大的麻烦。

第四是协调现在消费和未来消费之间的关系。前文中，我们曾讲过结余比例这一指标。一年挣的钱里花多少存多少，这一比例要控制在合理的范围内。

第五是做好你的财务资源在下一代、自己和上一代之间的安排。不要向任何一方过度倾斜，三代人享受到的生活水准应该大致在一个水平线上。

第六是处理好家庭资产流动性和收益性之间的关系。在我们的家庭资产中，比如房子、企业和收藏品属于流动性比较差的固定资产。流动性最好的是现金或者现金等价物。其次就是一些可以随时交易的资产，比如基金和股票。再次就是有一定期限的金融资产。资产的流动性与收益性存在一定的反相关关系。资产流动性过高，那么收益也会受到相应的负面影响。

第七是要协调好一个家庭中的夫妻关系与作为个体的家庭成员的独立性。一方面，将夫妻双方的财务资源作为共有财产，对整个家庭财务做统一的规划和安排。另一方面，夫妻双方作为个体也应该拥有一定的独立性，比如夫妻各自拥有一些私房钱，家庭资产中有的婚前财产不属于共有财产，甚至以 AA 制的方式来分担家庭的一部分开支。

第八是要处理好我们自身与社会的关系。谈到我们和社会的关系，一个最核心的问题就是税收。在合法的情况下，可以尽量地降低税收的负担，但决不能通过各种手法偷税漏税，或通过一些非法方式进行税务的筹划，降低税务负担。

第九是要处理好身前和身后的关系。我接触到一些老人，他们用大半辈子积累了不少财务资源，因为想把钱留给孩子，因此仍然过得非常节俭。这当然无可厚非。但是，你的财务资源应该首先为你自己的生命负责。你能够让自己的生命过得更丰满更精彩，其实就是对下一代最大的帮助。

第十是关于“止”，即停止、终止。人的追求受寿命所限，一定会有一个终止的时间。因此对事业的追求、对财富的追求、对生活目标的追求，不仅要有下限，也要有一个上限。其实，这个问题在我们理财中是极其重要的。常听闻有人在某个领域投资获得了巨大的成功，但最后一笔失败的投资，把所有之前积累的全部赔光了。其实这里就涉及在合适的时机收手的问题，而这个时间节点是极其关键的。真正的人生赢家往往都能够在恰当的时候，及时调整自己的生活目标和相应的财务安排，让这一安排能够符合社会发展的趋势，符合自己生命周期的节律。

总而言之，家庭理财规划一个核心的内容就是平衡。因为这个世界是平衡的，我们的人生也是平衡的，那么服务于我们人生的财务资源，当然也应该是平衡的。

理财小建议：制定一个好的理财目标，就成功了一大半。

进阶篇

新中产家庭财富保卫战

第四章
生财有道:金融工具大起底

❶ 基金:把钱交给你的理财智囊团

◎ 认识基金

随着金融的不断创新和资本市场的不断发展,投资理财的工具和产品层出不穷,种类也不断创新。因此很多人在投资理财的过程中,往往会感到迷惘——今天想投这个产品,明天想尝试那个工具,觉得新鲜的就是好东西,什么都想做。诚然,金融产品的不断推出,确实给我们提供了多样化的选择。但是,在投资知识、能力和经验还不足的时候就想去创新、尝鲜,往往会适得其反。

事实上,最基本的投资理财工具和产品无非房产、保险和基金。这三样加上前文重点介绍的现金管理工具，构成了家庭资产的“四大金刚”。它们分别对应着投资理财的四个基本资产管理工具箱，主要目的是保证我们的财富获得有效的管理。对于绝大多数人来说，拥有了这四大类资产基本就足够了。

房产不仅是一种让生活变得更美好的商品，还是一种可实现财富增值的资产和投资产品。不过，房产投资固然重要，但我们一生真正投资房产的次数实际上非常有限。很多人一辈子可能就买卖一次房产，绝大多数人一辈子买卖房产的次数不会超过三次。频繁买卖房产的情况只是极少数。

至于保险，它既是资产的管理工具，同时又是风险的管理工具。它也存在长期的资产配置问题。比如买养老险，要交 15 年甚至 20 年的养老费，等你退休以后再不断地获取回报。我们一辈子要买的保险数量虽然比房产要多得多，但是总的来说，也不会进行频繁的操作。

基金的投资周期比房产和保险都要短，需要依据市场变动进行相应的调整。基金是一个最常见、最有效、最适合一般人的金融投资工具，而且是家庭资产不可或缺的一项资产配置。可以说，对于我们普通人来说，投资理财最频繁操作的就是基金的买卖。

其实基金就是委托理财，它的设计方式主要有两种——公司制和契约制。所谓公司制，就是购买基金的人成为基金的股东，持有相应的份额。契约制则是所有基金购买人的资金聚在一起，共同存在一个账户里。基金购买人和基金管理人之间建立了一个契约，即购买协议。这个契约会对基金的运作、管理、费用等做相应的规定。

简单来说，基金这种金融产品就是一家金融投资公司帮助那些有闲钱、想投资但又不会投资的人来投资。换个角度看，购买基金的人相当于股东，而基金公司就相当于被雇用的经营企业的职业经理人。基金赚钱了，相当于企业运营顺利，所获收入是股东，即基金份额的持有人的收益。如果投资失败，损失的也是基金份额持有人的钱。基金公司还是要收取基金管理费，就像无论公司是赚钱还是亏损，员工工资总是要发的。

也有人担心，这种旱涝保收的方式，会不会使得基金经理人懒惰，抑或是不愿尽力帮基金持有人赚钱。但其实基金持有人有支配基金的权利，在经理人管理不当的情况下可以取回钱，另寻能力强、水平高的职业经理人管理，所以基金公司不会不尽全力帮基金持有人投资。当然这些是公募基金的基本管理模式，即基金公司帮助我们投资，他们只通过收取管理费的方式获取收益。

现在还有一类基金——私募基金。跟公募基金相比，私募基金的管理方式更加多样化，也有充分的选择余地。它可以像公募基金一样只收取管理费，也可以更加市场化，比如在投资亏损的情况下不收取管理费，纯粹义务劳动，但投资若有盈利，且盈利较多，那么经理人既要收取管理费，又要收取业绩分成。例如，某私募基金该年投资收益率为50%，收益20%以上部分采用二八分成，那么基金管理者除了收取相应的管理费以外，还要收取业绩分成，即20%以上部分的20%，也就是分走6%的利润。所以最后基金持有人的实际收益只有44%。这类似于一些公司的CEO或管理团队跟董事会签订务必会盈利的军令状，承诺假如公司没有盈利，自己将不拿工资，反之就既拿工资，又要奖金。

中国的基金已经有20年的历史。最早推出的基金叫作封闭式基金。2002年起，开放式基金逐渐取代了封闭式基金。现在的公募基金也好，私募也罢，都属于开放式基金的范畴。无论是购买公募基金还是私募基金，都要承担较大的市场风险，而法律风险和道德风险，则无须过度担心。因为所有成立的基金都是放在一个托管账户上，基金公司的工作人员可以对该账户发出指令、购买股票债券，但是他们无法接触账户资金，也就无法取钱。因此，放在托管银行的资金是绝对安全的。

那么公募和私募最大的区别是什么呢？

第一个区别是募集方式不同。公募是公开募集，而私募是在私下针对特定投资对象进行的非公开募集。

第二个区别在于投资起点不同。公募基金几百元钱甚至一百元就可以起投。私募基金的投资起点则要高出许多，一般是几十万，有的高达百万、千万。这是因为私募基金就是针对少数高净值人群募集的，再加上它的管理方式也决定了其不宜有过多的股东。假如一项私募基金以信托的形式成立，银监会规定，一个信托计划可以有不超过200份（包括200份）合同。如果起点是100万的话，募集齐了就是2个亿；想募集更多，起点就要更高。二者投资起点的不同也决定了各自适合的对象。对于普通老百姓，一般买的都是公募基金，而高收入、高净值人群往往会选择私募基金。

公募基金和私募基金的第三个区别在于管理人的收入模式迥异。公募基金基本上是通过收取管理费的方式获取收入，而私募基金的收入模式更多样化，可以是管理费，也可以是业绩提成。

第四个区别在于，公募基金的投资标的、投资方式在募集时就表达得很清楚，原则上必须严格遵守，而私募基金的投资方式更加灵活，限制更少。举个例子，同样是股票基金，一个典型的公募股票基金，其资产的配置有严格规定，比如股票部分至少持有60%，最多不能超过95%，债券部分最多不能超过35%，货币部分至少要保证有5%。这种规定也就导致了股市大跌时，基金管理人无法卖出股票资产转投债券或货币避险。而对于私募基金，通常没有这个规定，这也给予了私募基金经理更大的自主权——市场行情好时可以倾其所有购买股票；行情堪忧时可以变卖股票获得现金或换成债券，来躲过可能到来的市场崩盘。

也许有很多人认为公募基金并不是理想的投资选择。然而，全世界近百年来上万只基金的市场表现说明，那些被规则严格限定投资方式的基金，其总体表现并不比那些基金经理人享有充分自主权的基金差。

若要在投资方向上详细划分，公募基金和私募基金可分为股票基金、债券基金、货币基金、偏股型基金、偏债型基金、平衡型基金、指数基金等。货币基金就是将所有的钱都投入货币市场，纯债券基金就是所有钱都放在债券市场上，一般性的债券基金可能将70%以上的钱放在债券市场上，平衡基金往往是股票和债券相应比例比较均衡，偏股型指股票的比例稍高一点，偏债则是债券的比例稍高一点。在货币市场、债券市场、股票市场这三大市场上的资产配置比例决定了基金的性质。

除了按照投资方向分类，还可以从投资产品来分类，比如专门投资黄金的黄金投资基金，专门投资房产的房产投资基金，以及专门投资某一类股票的“巴菲特股票基金”。历史经验证明巴菲特股票长期复合增长率高达20%以上，但是这个股票一股就要20多万美金，实在太贵，一般人买不起，也很难买到。因此有人就成立了巴菲特股票基金，表示“把大家的钱集中起来，去买巴菲特公司的股票，巴菲特赚了钱，那我们就跟着赚钱”。

◎ 基金投资攻略(上)

基金投资的整个投资过程包含买入、持有、卖出这三个环节。

购买基金时首先要明确投资基金的金额。了解自己的人生目标和家庭财务状况，再依据自己的理财规划，制定出一份完整的理财规划书，从而确定投资基金的金额、可承受的风险力度和投资时间等。什么时候需要退出这笔钱？可以承受多大的风险？这些问题也要在购买基金之前考虑清楚。因为这些信息对于基金的选择具有决定性作用。

在购买基金时要注意以下两点：第一，在两年之内要用到的钱不宜投资基金，即可长期投资的资金才适于购买基金。第二，个人风险承受能力决定了基金的类别。风险承受力较高的，适于偏股基金或是纯粹的股票基金；风险承受力低的，适于偏债型基金和债券型基金这两种安全性更强的基金。比如进行 30 万的长期基金投资，可选择稳健偏激进的风险特征——购买 3 至 5 个基金，其中 20 万购买股票型和偏股型基金，10 万购买偏债型基金。

在判断基金表现优劣时，我们主要考察三个要素：收益性、安全性和流动性。基金的流动性都一样。在各类基金的安全性总体差距不大的情况下，我们关心的就是该基金的收益性。而一个基金的收益性通常用该基金过去收益来衡量。虽然一项基金过去的收益可观不代表未来亦如此，但是在同类型基金里，过去收益可观的基金未来有更大可能保持良好的发展势头，依然值得我们选择。

那么如何考察一只基金过去的业绩呢？网上有一些基金评级机构对各类基金的业绩进行比较，比如基金评级机构“晨星”就会把所有的基金按照其业绩进行排序，我们在选择基金的时候，只要选择过去业绩表现最好的即可。但是业绩排序的期限也很关键，因为不同期限的排名差距很大。我建议大家选择长期的，因为时间越长，其数据越有说服力，排名也越靠谱。国外的基金评级公司对于那些成立 36 个月之内的基金甚至不做任何评论，也不会将其纳入推荐的范围，因为这些基金太年轻，前途未知，没有让人推荐的理由。因此，对于一些刚成立的、没有历史数据的新基金，不建议大家购买。在市场成熟的国家，那些风险承受力较低、投资能力也较低的人，一般购买的都是被市场证明非常稳定且优异的基金。

但也有很多人喜欢买新基金，因为新基金往往在发行之初会举行各种推广活动，也存在更多的机会。如果一定要买新基金的话，那就要看这个基金的"父母"，即基金管理人。基金管理人包括发行基金的公司以及具体操作该基金的基金经理。

如果一个基金经理在这个行业从事多年，之前管理的基金表现得也很优异，那么我们可以尝试他新发行的基金。中国的基金行业成立时间有限，仅仅只有20年，所以像巴菲特这样的明星基金经理并不多。而且，所谓的明星基金经理，通常是国内基金投资的一种炒作方式，因为在国外，基金经理对整个基金业绩的影响起着至关重要的决定性作用。而且，国外基金业发展时间较长，明星基金经理们基本上也都有几十年的业绩支撑。所以，在国外明星基金经理很重要，但在国内大家不要去追捧所谓的明星基金经理。因为时间的关系，国内还没有出现真正的明星基金经理。

综上，对基金经理的评估，首先需要观察其从业时间和一定时期内的平均收益。中国的基金经理管理基金的时间都很短，近几年的优异表现不能说明什么。其次，中国的基金管理模式，特别是公募基金的管理模式，基金经理在里面起的并不是决定性作用，所以还要仔细考察基金公司的综合实力等因素。

最后，选择基金还要考虑基金买卖的费用和便利性问题。对于公募基金来说，这两点基本上可以忽略不计，因为国内公募基金的管理费用差别微乎其微，申购赎回的限制、购买的便利程度差别也不大。但是对于私募基金，这两个因素还是需要充分考虑,因为每一个私募基金的管理费都是单独约定的,差距很大。有的私募基金不随时放开申购,还限制赎回的时间。这些也应该作为考量的要素。

◎ 基金投资攻略(下)

一项完整的投资,除了购买,还要持有和售卖。基金投资的整个过程可以用一句口诀概括:“立即买,随时买,不要卖,卖低买高。”

先来说说“立即买”。举个例子,你制定好理财规划,决定用10万元钱来投资股票类基金,在股票类基金当中选定了两只。如果这两只股票类基金在市场上可以买,那么就立刻购买。为什么不等一个更好的时机再买呢?因为这个世界上根本不存在更好的时机,即使存在,你也难以把握。投资的时机是越早越好。

再来谈谈“随时买”和“不要卖”。我们在实际的理财过程当中,不仅要安排好现有的资产,还要考虑未来的收入。假如有人每月收入2万元钱,扣除各类支出15000元钱后,还有5000元钱,打算每个月抽出3000元钱再投到基金去,此时就可以设计基金定投,每个月拿出3000元钱,随时把它换成自己选好的基金。那么什么时候卖出这些基金呢?我建议大家尽量一直持有,在需要用钱时卖出即可。事实上,这里的“不要卖”指的是大家不要通过对市场的判断来卖出。这并不代表对自己持有的基金不闻不问。在购买基金后,还要对其进行管理。所谓管理,就是对已经购买对基金定期考察。譬如公募基金每天都会公布净值,大家不用天天观察,但也不要放手不管,可以一周一看或者一月一看,然后定期评估,比如每年把自己购买的基金做一次全面的评估,继续持有当中表现较好的。

“卖低买高”中“卖低”是指如果你所购基金在过去一年当中表现不如人意,那么就要把它卖出。“买高”是指把不好的基金卖出后，再换购成其他表现优良的基金。举例说明，今年用30万购买了3只股票型基金，每股单价1元，一年之后，两只基金分别涨到了1.6元和1.4元，另一只基金却跌到了0.8元。这时就应该卖掉亏损的基金，换成涨到1.6元的那只。这说起来容易，但是大部分人在实际操作时，往往会犯错，亏损的基金不肯卖，说是至少要等回本了再卖，要卖就卖涨到1.6元的那只基金，说是兑现利润。这种错误在基金投资里最常见。

为什么应该“卖低买高”呢？其实这很好理解。购买基金好比是大老板选CEO。如果你是一个大老板，投资了3家企业，选了3个CEO，每个企业各投了100万。作为大老板，首先不应频繁干涉企业的运行，企业短期出现亏损也不应过多苛责CEO或者解雇他。但是也不能一直不管，至少一个月看看财务报表，或者一个季度去公司巡查一下。但一年之后，开董事会，这3个CEO向你汇报工作。前两个CEO分别盈利60万和40万，第三个CEO表示亏损20万。这时候应该怎么做呢？很简单，当然选择把第三个CEO解雇，都交于第一个CEO来管。

当然，这个例子有些绝对，因为一个基金的表现实际上不仅要考虑绝对收益，还要考虑相对表现，即与其业绩基准进行比较，或者是跟同类基金进行比较。

那么什么叫业绩基准呢？比如一项基金主要投资在上证50，那么它主要的投资方向就是上证50指数这50只股票。它的业绩基准就要跟上证50指数进行比较。如果过去一年上证50指数涨了50%，而这只基金没有赚到50%以上，这就意味着没能达到业绩基准。跟同类基金比较，是指中国市场投资在上证50的基金有10只，去年上证50涨了50%，但是这10只上证50的基金平均涨了70%，其中有6只收益率在70%以上。如果你手上的基金没有达到70%的收益，则你的基金表现不好。

我们要做的，就是在购买基金的时候，挑选同类基金当中最好的那一小部分。在持有期间，务必定期（比如说一年一次）把手上表现低于平均水平的基金换掉。按照这种模式，每年对自己的基金进行考察，然后不断地调整基金组合，一直保持手上的基金是当时市场表现最好的那一部分基金。最后，只要耐心地持有基金，直到你需要用这笔钱的时候再逐渐卖出就好了。

◎ 挑战：中高端基金投资

前文讲了最基本的一种基金——股票型基金，也叫作证券投资基金。所谓证券投资基金就是主要投资中国证券市场上股票、债券的基金。

中国的证券投资基金种类繁多，大家经常听到的指数基金就是典型的一种。其投资的股票在基金设计之初就已经定好了，不能选择。举个例子，上证 50 是一个指数，很多基金的定义就叫上证 50 指数基金。这意味着该基金募集到的资金全部投在上证 50 选择的这 50 只股票上，甚至严格按照每一只股票占整个指数的权重来配置资金比重。所以，这只基金的业绩表现和指数走势几乎保持一致。

指数基金最大的特点是只需要一个操盘手把每天把募集到的资金分别按照比例配置到指数对应的股票上，并不需要基金经理精挑细选时机买卖股票。所以这一类基金也叫做被动基金，我称它为“傻瓜基金”。实际上，这种基金虽然名字叫“傻瓜”，但其表现并不差，甚至已经成为一种非常重要的基金类别。这里有一个非常重要的投资理念：资本市场的走势，特别是短期走势，我们其实无法作出判断。之前提到的口诀“立即买，随时买，不要卖”包含的也是这样一种投资思维，即我们个人是无法判断市场短期涨跌的。“逢低介入，逢高派发，等市场再跌一点再买”这种说法实际上并不可行，因为市场是不可预测的。

指数基金是在基金行业发展了几十年以后才诞生的。有人统计各类基金表现，发现所有的股票类基金长期平均的收益率都赶不上整个股票市场指数增长速度，也就是说市场上所有基金加在一起，长期平均的回报低于整个指数上升的速度。有人想：“花那么多钱雇佣基金经理折腾，结果有一半的概率还赶不上指数。不如设计一个指数基金，所有的钱都按照指数来配置，这样至少能打败一半以上的基金。”指数基金由此诞生。它虽然不是表现最好的基金，但是表现也不错。总体来看，指数基金一直是市场的一类主流投资基金，因此购买指数基金也是一个不错的选择。

当然，各个指数基金的跟踪标的指数不一样，表现也就不同。比如过去几年中国的上证指数表现不错，跟踪上证指数的基金表现就很好。但是，自 2017 年以来上证指数表现比较弱，而创业板指数表现就很好，跟踪不同指数的基金表现当然也并不是同步的。这时就需要你对市场进行判断，如果看好未来中国的创业板市场，就买一个跟踪中国创业板市场的指数基金。

除了指数基金，很多人可能还听说过 ETF——交易所交易基金。购买 ETF 时买到的是一篮子股票，但实际上也相当于购买了一个指数基金。还有 LOF——上市基金。我们通常买卖基金都是跟基金公司发生交易。到基金公司购买基金叫申购，卖基金给基金公司叫赎回。而 LOF 指的就是既可以在基金公司买卖，也可以在市场上进行交易，它相当于一个新的基金买卖渠道。

尽管证券投资基金，特别是开放式证券投资基金仍然是老百姓的主流选择，但基金的设计种类可以非常多样化。之前还推出过的分层基金，就是把同一个基金分成风险收益表现有一定差异化的基金份额。一部分安全性高，但收益封顶；

另一部分风险高,但赚的比例高。

除了股票,其他类别的投资,包括房产投资也可以这么进行。比如之前有一些人的市场嗅觉非常敏锐。他们自发地组成了一只房地产投资基金,募集了十几个亿后专门请专家到全国各地去买房子。专业人士的能力较强,在资金实力强时也可跟房地产开发商讨价还价。最后,大家的投资回报大大提升。这样的例子不胜枚举,最近几年的海外投资也可以通过基金完成,可操作性也很强。

大家在面对众多基金时,可能不知道如何选择。除了之前教大家的选择基金的方式,最后还有一种方式,就是购买 FOF。FOF 是"基金的基金"。有些人特别擅长挑选基金,于是成立一个基金,但是这个基金的钱不投资股票债券而是专门去投资基金。这种由各种不同类别的基金组在一起的基金,就叫 FOF。如今,市场上甚至已经有了"基金的基金的基金",FOF 越来越多的时候,专门投资 FOF 的基金也在与日俱增。这种懒人的也是聪明人的投资方式将会越来越流行,相信在不久的将来会为更多人所认可。

理财小建议:投资是一项专业的工作,专业的工作应该交给专业的人去做。

❷ 股票：不做“韭菜”做“镰刀”

◎ 小白应该拥有股票，但不应炒股票

经常有人问我炒不炒股，我的答案是：“我不炒股票，但是我一定会拥有股票。”这么说一方面是因为股权资产是我们家庭资产的一个核心内容，不可或缺；另一方面，炒股这件事情并不是普通人都应该去参与的，理由有三点。

第一，股票类资产从我们家庭资产的分类来说属于非固定收益资产。就是当你拥有一只股票的时候，它所能带来的收益是不确定的。因为这只股票所属的企业经营的好坏、受市场的影响是不确定的。即使企业能稳定地获取收益，也未必能定期稳定地给你分红，而要结合企业自身的发展和市场经营的需要来决定分红的比例。

第二，股票相对风险比较高。比如一家公司既发行了债券又发行了股票，那通常债券的安全性要超过股票。因为公司清偿首先要结清员工工资，其次是偿还债务。这个债务既有企业经营当中的债务，也包含对外发行的企业债券，最后如果还有剩余，才是给股东分享的。

第三，债券有还本的过程，而股票不存在还本。比如买债券不仅会定期享有利息，而且债券到期以后会归还本金。但是购买股票是永久性的，不想持有某公司的股票，退不了，只能转让给别人。

俗话说，股市是经济的晴雨表，即股票市场的变动走势跟这只股票所在区域的宏观经济是直接相关的。这里强调的是整个市场而不是具体的每只个股。鉴于此，我们把股票分成周期性股票和非周期性股票。周期性股票是跟着经济的周期同步变化的，而非周期性股票受经济的影响要小些。像钢铁类股票，就是典型的周期性股票。而公用事业类的股票就跟周期关系不大，因为不管经济好坏，大家都要用水电。还有一些股票是反周期的，即经济腾飞的时候表现一般，经济颓靡的时候反而表现得很好，比如电影，以及麦当劳这种大众性的快餐等。

所以说，股市和经济息息相关，但并不是简单绝对的正相关。中国股市和经济的相关性似乎不怎么明显，甚至还有一种显著的反相关性。这实际上跟中国股市更大程度上的是一种“资金市”有关。即市场的资金畅旺时，有更多的资金投到股市里，股市行情就会大涨；当整个市场都缺钱时，很多人不得不把原来投在股市里的资金抽出来，那么股市就会因失血而暴跌。

股票的种类非常丰富，且每只股票都是在其相对应的市场上进行交易的。世界上的股票市场非常多，光是中国的股票市场就有十几个：上海 A 股、上海 B 股、深圳 A 股、深圳 B 股、深圳中小板市场、深圳创业板市场、新三板市场、香港主板市场、香港创业板市场等。所以一讲到股市并不意味着就只有一个上证股市，其实股票市场非常多，都可以成为我们投资的工具。其次，股票本身的特征繁多。比如早期发行的不同类型的股票有国家股、企业法人股、内部职工股，还有公开市场上发行的普通股。国家股、法人股和内部职工股在早期是不可以流通的，所以那时把股票分成流通股和非流通股两类。2005 年股改要求实行全流通，因为股票不能流通就失去了本质功能。但大量的非流通股突然全部进行流通，对市场冲击又特别大，于是国家让这些股票逐步流通，以缓解对市场的冲击，我们常听到的

“大非”“小非”“解禁”等术语就是这么来的。

我们所讲的这些股票，其实都是股票的一种——普通股。还有一种股票叫优先股。优先股最大的特点在于每年分红的股息是固定的。不过优先股一般不能进行交易。优先股在国外比较普遍，目前在国内较少，不过未来在中国资本市场上它的身影会越来越多。对比起来，虽然普通股在股息上有劣势，但是流动性更强，并且它因为流动性可以获得更可观的资本增值的收益。

此外，还有CDR，即中国存托凭证，就是为了吸引那些特别优秀的创业型科技类公司到中国上市所设计的。这类公司当初为了能在海外上市，注册地往往不在中国，之后想在国内上市就面临巨大的法律障碍。中国股市现在还未开放国际板，海外的公司无法国内上市。这类企业就用存托凭证的方式，把股票放在银行存托，然后由银行发行相应的存托凭证，购买凭证就间接地拥有了这类公司的股票。CDR的这种模式间接解决了独角兽企业回归国内A股的法律问题。存托凭证在国际资本市场上是非常成熟的一种模式，有很多中国企业就是通过这个方式来实现在美国上市的。

总结来说，我们一定要拥有一些股票，学会通过资本来获取收入。但是，投资股市极其复杂，极其专业，所以对普通人来说，应该持有股票资产，但是炒股一定要小心。

◎ 如何避免当“韭菜”？

在银行存钱是储蓄，不算投资金融资产。对普通老百姓来说，最基本的投资金融资产的方式就是购买基金。证券投资基金中股票型的、偏股型的、平衡型的、指数型的基金，其中都包含股票资产，购买这类基金就意味着间接持有了相应的股票。有很多长期炒股的人不愿意购买基金，我通常建议他们可以把金融投资的钱一分为二，一半炒股，另一半购买基金组合，一年以后观察这两部分资金哪一个表现更好。如果股票的表现不如基金，那我建议就别炒股了。

这是对于那些不接受基金的人一个基本建议——让市场来检验。实践能证明你是不是炒股高手。如果你个人炒股能够比基金表现好的话，为什么不去当一年轻松挣上百万的基金经理呢？

有人坚持自己炒股，认为炒股技巧是可以学会的。但是我要告诉大家：炒股没有技巧，即使有你也学不会。这就是我不建议大家自己炒股的核心原因。

既然我们普通人都学不会炒股的技巧，是不是只有把钱交给基金公司呢？也不是，因为我们虽然不懂炒股的技巧，但是可以学习一些投资股市的方法。如果你希望自己操作投资股市，同时又不希望成为股市中的"韭菜"，阅读下面的内容就很有必要。

华尔街有一句名言："在华尔街谁都能够赚钱，只有贪婪和恐惧的人赚不到钱。"贪婪的人，已经赚了钱，但还想赚得更多；恐惧的人，股市一跌就紧张焦虑，割肉已经亏损的股票，追涨杀跌，而这正是股市投资的大忌。

那么如何避免追涨杀跌呢？事实上，一般人很难避免。在股市投资里面，大部分人亏钱的根本原因就在于此。不过，规避贪婪恐惧还是有办法的。投资股市避免成为"韭菜"的最有效的一种方式——傻瓜投资法。即认死理，看好了一只股票购买以后，不管市场涨跌，始终长期持有。

股神巴菲特投资绩效最显著的一些投资，也是按照傻瓜投资法进行操作的。我们讲指数基金的时候，也提到了傻瓜投资法，因为指数基金是只要操盘手把自己的基金资金按照比例投资在跟踪的指数上的股票，跟踪之后就不再变化了，所以指数基金也就是在傻瓜投资法的哲学指导下设立的基金。这么多年指数基金的市场表现，验证了这种投资方式相当不错。

有人认为当傻瓜投资者不过瘾，因为最终得到的收益只是所买股票的平均收益。如果选股水平较差，可能连市场的平均水平都达不到。

如果想要获得高于市场平均水平的收益，疯子投资法也不失为一种选择。在别人贪婪，觉得股市一片兴旺的时候，他充满了恐惧，敬而远之；别人充满恐惧，认为股市崩盘时，他欣然买下股票，静等股市重涨，这就叫疯子投资法。

会选择傻瓜投资法的巴菲特，同样也擅长疯子投资法。2000 年，美国股市出现大牛市，IT 公司的股票和那些大蓝筹都涨得厉害。那时候巴菲特说："美国的股市的价格已经太贵了，贵到我整整一年在市场上都找不到一只值得投资的股票。"当时很多人嘲笑巴菲特过时了，结果到了 2001 年，互联网泡沫破裂加上"9·11"事件双重打击，股市直线下跌，市场充满了恐慌，巴菲特却欣然出手，大量买入了高科技公司股票和其他一直看好的股票。2008 年全球金融海啸时的美国股市大熊市再次重演，彼时出手购买的依然是巴菲特。

但是我不建议大家选择疯子投资法，因为疯子投资法很难成功。难就难在判断市场。做不出正确判断，就难以完美复制巴菲特式的胜利。比如对于什么时候市场才真正疯狂到了顶点，什么才是下跌的低点，我们大部分人并不能做出准确判断。因此，我更推荐傻瓜投资法。

很多人喜欢了解要买什么股票，但在此之前，我们先看看什么股票不能买：

第一，不了解股票所属的公司情况时，一定不买。不管在什么情况下都不买。

第二，公司的主业不明确时，坚决不买。有人说在网上查一查，不就对主业经营什么的一清二楚了吗？但我们看到很多公司主业不清晰，或者经常在变。房地产好就去投资房地产，金融热又去玩金融，这类公司的股票不能买。

第三，千万别买重组公司的股票。其实，一个公司进行重组以后，再回到市场正常经营的概率是很低的。所谓的重组只是一个概念，能否成功还是一个未知数，况且重组成功后企业是否能够凤凰涅槃又是未知数。像这样多未知数的公司你去买，那就不是在投资了，而是赌博。

第四，公司经营不稳定的不买。公司经营绩效大起大落，一会儿赚一会儿亏，说明它的经营管理层不够成熟，市场不稳定。

第五，公司内部人员，特别是主要经营者的职业操守有问题时，不要买这家公司的股票。为什么不建议大家买有内幕消息的股票呢？首先，如果有内幕消息，在你之前，有多少人已经知道了？其次，如果真的是内幕消息，那一般就是内部人员泄露的，这个公司内部人员都不守法，你放心把钱交给他们吗？请大家记住，所有的信息都在公开市场上向社会披露、没有内幕消息的，才是一个好公司。

◎ 靠谱的股票投资基础策略

了解了哪些股票不能买，再来看看我们怎么选那些能买的股票。

首先，最简单的方式就是买那些自己熟悉的、公司主业非常清晰的、公司所处行业是处于高速发展期的，尤其公司产品是你生活必需品的公司股票，可以长期持有。

还是以巴菲特为例，他长期持有可口可乐的股票，就是因为自己喜欢喝，而且这款碳酸饮料也是整个社会普遍需要的。同理，他购买《华盛顿邮报》和吉利剃须刀的股票，也是因为自己需要。

在买这一类股票时要注意：公司要专注于主业，主业越清晰、越窄越好。专注的公司的股票是值得我们购买并长期持有的。

其次，选股要注意顺应行业发展的趋势。影响一个公司发展趋势的因素有很多。最大的因素是整个国家的宏观经济。所以从这一点来说，如果参与股市投资，就应该选择经济处在高速增长趋势当中的国家的股市，我们中国的股市就非常值得投资。

但是一个国家经济发展趋势不断上升，不代表所有的行业都在上升。所以接下来我们要在一个发展趋势上升的经济体中选择上升的行业。

举例来说，万科在过去二十多年发展迅速，除了它专注本业以外，还有一个重要原因：它处在一个蓬勃发展、快速上升的行业——房地产市场。但现在看来，万科所处的行业在中国目前已经进入了高速发展的尾期。反之，近年来茅台能够暴涨是因为顺应了中国的消费升级大趋势。不光茅台，乳制品行业的伊利、家用电器行业的格力电器及小天鹅等都搭上了消费升级的快车。

选择了经济发展迅速的地区和其中处在上升通道的行业之后，接下来就要选择一个行业里的龙头企业。

但需要注意的是，任何一只股票是否值得购买还取决于两个因素：内在价值和市场价格。好公司的内在价值未来一定有巨大的提升空间。那么什么时候买呢？答案就是在其市场价格和内在价值相匹配的时候，最好是被低估的时候。如果你找不到那些被低估的公司，至少不应该买那些现在市场价格已经远远超过了它内在价值的公司，哪怕这家公司未来的内在价值会上升，但是如果它已经透支了未来好几年内预期的上升空间，就不是购买的最佳时期。

选择股票最后要思考的就是时间尺度。每一只股票对应的行业特征不同，企业本身在行业所处的位置不同，使得这只股票未来可以上升的时间尺度也不一样。有些公司现在就已经处在上升的通道当中了，有些公司可能要提前购买，经过三年五年其内在价值才能爆发。举个例子，华大基因和科大讯飞都是高科技产业的领头羊，但业绩爆发大概也需要三五年的时间才能显现出来。但是，投资者不能等到三年五年以后再去买；为了能够抓住这个机会，必须提前购买。但是这个时间有尺度限制，有的人无法投资那么久，所以你要选择的是适合你自己时间尺度的股票。

我曾经在课堂上表达了看好某一只股票的意愿，有三个学生误以为是我在暗示他们可以购买。结果大概不到一年的时间，这只股票价格真的实现了翻番。但这三个人收益获取情况大不相同：第一个人在股票狂跌时失去了信心，股价反弹刚刚保本时立马卖出了；第二个人由于一些原因不得不套现，在股票上涨百分之二三十左右就卖掉了；第三个人在股票涨到百分之七八十时计算年化收益率达到100%后才卖掉。引用这个例子，主要想告诉大家：买一只股票要想赚钱，不仅要会选股票，而且还要会买股票，并且保证一直持有，直至选择一个合适的时刻卖出，这样才能完成一个完整的投资过程。

理财小建议：你家庭资产中一定要持有一些股票资产，但不要炒股票！

❸ 债券：给家庭资产加点“债”

接下来讲讲家庭资产里的“债”。这个“债”指的就是债券。它对于普通投资者来说不是主流的投资品，但又是一个不可或缺的投资品。

资本市场跟银行最大的区别在于：资本市场是直接融资，即有钱的人和需要用钱的人通过资本市场直接实现资金的借贷。这种借贷又可以分成两种。一种是“有借无还”的，比如股票，借钱以后不再归还，但将给予出资者部分股权；一种是“有借有还”的，比如债券，借钱以后需要如期偿还。

债券有三大特点：第一，发行的主体是需要钱的机构；第二，发行的债券有期限，即还本日期；第三，债券产生利息，利息部分可以每年偿还，也可以到期后一次还本付息。

世界上债券的发行量，包括现存债券的存量以及每天债券的交易量，都超过了股票。因为发行股票是一次性的，而企业的债券可以不断地发行。并且，只有企业才能发行股票，而债券则不限于企业，中央政府和地方政府都会发行债券。对应的债券就是企业债券、国债和政府债券。同理，还有金融债券、美元债券等。

债券最大的区别在于其期限，有非常短期的，比如三个月、半年的债券，也有非常长期的，比如美国发行时间最长的国债是 30 年期的国债。

明确了债券的特征，再来讨论债券在我们的家庭资产当中应该扮演的角色。有人认为债券是老年人的选择，年轻人不必购买债券。但我认为，我们每个人都应该购买债券。

为什么呢？要回答这个问题，首先要了解风险和收益之间的关系。对于每一个单独的理财产品或投资工具，我们都可以概括地说，它的风险和收益是成正比的。但是风险和收益不只是简单的正比关系。不同的投资产品组合在一起，整个组合的风险和收益就会发生化学反应。如何得知其中的变化呢？首先计算整个组合的收益——按照整个组合当中不同产品的权重进行简单的加权平均，就可以算出整个组合的平均收益。整个组合的风险就等于该组合各个产品按照其权重矢量相加的结果。学过中学物理的都知道，一个物体在受到好几个力共同作用时按照平行四边形法则进行合力计算。所谓矢量相加，就与这一法则类似。如果两个矢量的方向相同，即可直接相加；如果方向相反，实际上是相减；如果夹角既不是 0 度，也不是 180 度，就按照平行四边形法则来相加。同理，风险的计算亦是如此。这也就意味着，一个金融产品的风险是有方向的，组合中两个不同的投资品的风险方向如果相反，则风险相抵，投资组合的总风险就会降低。从理论上来说，组合的风险甚至有可能为零。

了解这个理论以后，大家就能明白，为什么我们在讲家庭理财的时候反复强调不要把鸡蛋放在一个篮子里边，一定要做投资组合。

这个理论是获得诺贝尔奖的一个金融理论，叫作“投资组合理论”。这个理论告诫我们，我们家庭资产组合的最好方式是把互不相关的理财产品组合在一起。这里提到的“相关”和“不相关”，指的就是两个产品的风险方向。如果两个产品绝对地相关，那么风险方向一致，风险就是简单的相加；如果是反相关，风险方向相反，就可以相抵消了。

很多人喜欢手上持有多只股票，以为这就是把鸡蛋放在不同的篮子里的做法。这是一个很明显的误区。因为他们购买的都是同一种产品——股票，并没有起到分散投资的作用，更无法降低风险。

而跟股票呈反相关关系的就是债券。除了纯债券基金或纯股票基金，一般基金的设计，都是既含有股票又含有一定的债券，只不过基金里股票和债券的比例各不相同。如果股票的比例比较大，那就是偏股型的；反之，则是偏债型的；如果两者差不多，就属于平衡型的。

证券投资基金将债券和股票组合在一起，就是因为能够在保证可观收益的前提下控制风险。收益是按照股票预期收益和债券预期收益乘以各自包含的权重，然后进行加权平均计算出来的。风险方面，如果组合得合理，甚至会比纯粹买债券的风险还要低。所以在我们的家庭金融资产组合当中，股票和债券是最佳拍档。股票像水泥，而债券就像沙子，二者的硬度都不高，但是组合在一起形成的混凝土，硬度却远远高于它们自身。

因此，债券这个不可或缺的配角能使整个家庭资产的风险得到有效的控制。不过既然是配角，也说明了不能把债券作为主要的投资产品，尤其是对于年轻人来说。至于具体购买什么债券，可以根据各人不同的个人喜好进行选择，一般来说购买一些相对平衡的、包含了一定债券的基金来配置债券即可。如果你比较年轻，风险承受力又比较高，有 20 万可用作金融投资，不妨买平衡型基金、偏股型基金和指数基金这样三只基金。整个组合当中大约包含 1/4 到 1/3 的债券，以及 70％左右的股票。这是一个比较适合年轻人实现资本长期增值的、风险相对较稳定的投资组合。

如果大家一定要单独投资债券，就必须考虑债券的风险。如何确定债券的风险呢？任何一个债券在发行的时候，一般都有资产评级机构对其进行从 A 到 E 的评级，这时要特别关注债券的风险特征。有一些能够承受高风险的人会专门投资垃圾债券，即低于C级的债券，因为垃圾债券的收益非常高。

那么垃圾债券该不该买呢？就看它与自己的风险特征是否匹配，毕竟投资没有绝对的好和坏，只有适合和不适合。

理财小建议：如果只推荐一条理财格言，我一定推荐：不要把鸡蛋放在一个篮子里。

❹ P2P："雷暴"之后还能投吗?

在谈下一个投资理财的工具前,先来熟悉一下金融市场这个词汇。什么是金融市场?它对我们又有什么用处呢?

其实金融市场的存在就是为了把需要资金的人和有闲钱的人对接,实现资金的融通。这种资金的融通往往需要通过一些金融产品来实现,比如股票、债券、存款等。这些金融产品如果在发行之后不能流通,其持有者的资金将无法实现随时变现。此时,金融市场就诞生了。短期融通的金融产品,通常是一年以内的资金融通的产品,我们把它们称为货币市场。债券、股票等中长期资金融通的金融产品,就被称为资本市场。

以前,中国的资金以间接融资为主。近年来随着中国资本市场的不断发展壮大,直接融资的比例越来越高,但是大量的小微企业和普通老百姓很难通过资本市场来获取资金。特别是当民间的大量小微企业急需资金的支持,但是传统的银行业和资本市场都无法为其提供良好的资金帮助时,一个全新的融资方式——P2P 就应运而生。

P2P 这类产品是符合国家金融开放改革的大方向的,也符合金融为实体经济服务、为老百姓服务的基本宗旨。它是直接融资,类似于股票和债券。最大的区别就是:P2P 的融资方要求相对较低,实现融资的产品就是 P2P 理财产品。中国目前是小微企业在进行 P2P 融资的比较多,但现在个人通过 P2P 进行融资的也越来越多了。

首先要说明的是，P2P理财产品也是中小微企业及个人实现资金融通的一个重要方式。这个定位决定了P2P不会在未来的金融发展当中消失。虽然P2P在整个金融体系里所占的份额很小，但是随着监管到位和市场走向规范，这种普惠金融的P2P理财产品在整个金融体系所处的位置一定会变得越来越重要，在整个金融市场占的比重也会越来越大。同时，P2P的基本定位也决定了它在我们的家庭理财当中只能作为一个补充，不应该成为家庭资产配置的主要内容。

其次，P2P产品服务的通常是个人或小微企业，或者是初创型的、财务还不稳定的企业，这些企业面临的风险相对较大。所以大家在考虑选择投资P2P产品时，要衡量自身的风险承受力是否适合购买。

再次，也是最重要的，P2P产品通常是私募的，而且国家为了提高效率，同时考虑到它在整个金融体系占的比例相对较小，所以对P2P产品的监管力度相对不那么大，信息的披露、审核的程序也都相对宽松一点。这在一定程度上使得P2P产品的风险相对较高。新兴事物刚出现时，中国市场往往鱼龙混杂，所以这几年，全国几乎每个城市都有出现过P2P融资平台跑路、破产的情况。不过，大家也不要因此悲观看待P2P，因为本身这类产品就存在一定的风险，出现这种情况也是正常的。并且许多案例只是个别不法分子的恶意欺诈行为，并不代表P2P这种模式本身存在问题。

在此要特别提醒的是，一些收益特别高的P2P产品，需要坚决防范，比如那些宣传半年收益率能高达20%的产品。P2P产品收益率的确高，但是像这种超出常规收益范围的产品违背了金融的逻辑和市场的规律，极有可能是欺诈。投资P2P产品，最好只购买位列全国前几名的大型理财公司发行的P2P产品。

我们知道，P2P作为一种融资方式，是有钱的人把钱直接借给需要用钱的人，双方通过P2P产品这样的契约来保证资金的运行以及今后的还本付息。P2P发行的公司只是负责设计产品，并提供相关信息，撮合有钱的人与需要钱的人来实现对接，公司本身不接触这些钱。但是，现实中很多发行P2P的公司在做资金池。资金池就是这些P2P公司把他人的钱通过设计的P2P产品，融到自己公司的账户或者其他独立的资金账户上，向出钱人公布虚假信息，然后再把融到的资金借给需要用钱的机构。这有点类似于银行的运作方式，但银行有保证金制度，资金雄厚，自身的信用也高，同时国家也赋予了银行这么做的权利——要有银行的牌照才可以开展银行的业务。P2P公司这么做则是不被国家允许的。

所以，我对于普通投资者投资P2P产品的最基本建议就是：明白投资，即明白钱投在什么地方、谁在使用你的钱、钱的用途以及偿还本金和利息的保证物。如果不清楚这些最基本的内容，无论收益有多高，都不要投资。投资时如果发现P2P公司没有公布相关信息或者信息虚假，那么这样的P2P公司就是严重违规的公司。

最后，简单总结关于P2P的投资的几个要点：

第一，明确P2P产品投资的基本信息，了解你的资金投向、使用者、担保等基本情况。

第二，坚决规避超额高收益的产品。

第三，拒绝P2P公司产品的间接融资，抵制资金池。

第四，严格控制P2P产品在家庭资产配置当中的比例。原则上不要超过家庭可投资金融资产的30%。

理财小建议：对创新的金融产品，你需要一双慧眼去鉴别。

❺ 给自己多准备几个篮子

◎ 股权:向“大款”要收益

在投资理财的工具中有一块非常重要的内容就是股权投资。所谓股权投资,就是把你的钱换成一个公司的股权,拥有这个公司的一部分权益。当然这个公司在经营活动中赚到的钱,或者它的内在价值的提升,都会使股权的持有者获取收益。前者获得的是现金的分红收益,后者获得的是资产价格增值的收益。这个世界上能增值的财富除了一些稀缺资源以外,最核心的就是新创造的财富,而公司是创造财富之源。所以,拥有股权是获取财产性收入,也就是通过钱挣钱的一个最重要的方式。

拥有一个公司股权的方式有很多种。比如,你可以自己创办一家企业并且成为这个企业的实际控制人和经营者。但是即便你拥有了这个企业绝大多数甚至是百分之百的股权,这种投资一般说来也不算股权投资,而是实业投资,因为你付出的不光是钱,还有你的企业家精神、你的知识、你的劳动。

还有一种方式是在二级市场买一个公司的股票,但是我们一般把这种在二级市场购买股票,或者通过买基金的方式来投资股票的行为称作股票投资。股票投资和股权投资最大的区别在哪里呢?首先,股票投资里你买到的一定是一个上市公司的股票。其次,你买的股票只占这个上市公司的一个非常小的部分。除了拥有这个股票的相应的分红权和资本收益权以外，你对这个公司不具有任何的影响力。而股权投资，一般指的是非上市公司的股权投资，当然也可以对上市公司进行股权投资。比如，我们经常听说证券市场有人“举牌”收购某个上市公司的股票，收购的比例达到5%时，就要公开自己收购了这家公司的股票。此时，他不再是一个简单的股票投资者，而是对这家公司的实际经营活动有了很大的影响力。原因在于拥有这么高比例股权的人，首先可能会成为这个公司的董事会成员，其次如果拥有这家公司10%的股票，他就可以提议召开股东大会。所以就股权投资而言，可能他不是直接参与公司的经营，但会给这个公司带来一些资源，同时也能够获取这个公司的一些内部信息。这种情况下，他就是内部投资者。但是，在二级市场股票投资中，投资者只是外部投资者。他们对这家公司的了解只来自公开披露的信息。

在股权投资领域，有很多专业的名词大家都很熟悉，如风险投资(VC)、私募股权投资(PE)、天使投资等。它们其实都是股权投资，区别只是在于你投资的时候这个企业处在什么阶段。一家企业刚刚创办，还没有盈利，甚至还没有产品，在这个时候就进行的投资，就称为天使投资。此时的投资往往只是基于投资者对一个人或者一群人的认可。比如，当初张朝阳在美国拿了物理学博士以后，他的导师问他未来想干什么。他回答想到中国做一家互联网企业。他的导师听了他的构想，觉得很不错，于是给了他10万美金。张朝阳拿着这10万美金回到国内创办了搜狐公司。这个例子就是典型的天使投资。

一家企业在已经具备一定的规模，产品已经基本成熟并且投入了市场，但是还没有开始盈利时，可能为了进一步研发产品或者为了市场推广需要资金。那么专门投资这类企业的机构，就叫作风险投资者，即VC。

当这家企业逐渐壮大成熟，商业模式日渐清晰，产品也获得了市场的认可，甚至开始盈利时，为了市场竞争的需要或者为了扩大市场，提高利润，为上市做准备，需要进一步融资。这一阶段进行的投资就叫作PE，即私募股权投资。这个阶段还有另一个说法，叫Pre-IPO，就是在上市之前进行的一些融资行为。

现在资本推动一个企业上市的过程越来越成熟，很多人已经不再使用这些名词。我们把一个企业在它的发展过程中通过股权融资的方式来获取资金的行为分别称为天使轮、A轮、B轮、C轮。然后，在上市之前一定有个Pre-IPO轮。通过这一轮一轮的私募股权融资来获取资金，发展企业。最终上市以后，这家企业就可以通过股票市场来实现增资、扩股、发行债券等传统的资本市场的融资方式来进行融资。

那么在上市之前的一轮一轮的融资行为就是私募股权融资，而出钱的人就是私募股权投资人。他通过这种方式，把自己的钱变成一家待上市公司的股票。公司上市后，他持有的这家公司的股票就可以在资本市场退出。资本市场退出就是在股市上把他持有的这些股票卖出，因为一个完整的投资一定是先投入，然后再兑现。当然也可以不上市就退出。比如，早期的天使轮或者A轮投资者，他在引入C轮、D轮和Pre-IPO轮的投资者时，可以把自己的股权出让，也就提前兑现了相应的利润。

天使投资、VC投资、PE投资近年来在行业里非常热，也使得现在的创业者获取资金的方式更加多元化。因为有这些资本的推动，很多企业可以在很短的时间里实现巨大的财富增值。比如，雷军在仅仅几年时间里就创造了一个数百亿美元市值的小米。这些投资方式，实际上改变了现代企业发展壮大的路径。

作为普通的中产者，我们可能没有太多的钱直接进行私募股权投资，但是其实我们有很多的机会参与其中。那么参与这类投资的主要方式是什么呢？

首先，尽管创业面临巨大的风险和困难，我们应该以一种开放鼓励的态度对待我们身边的创业者。

其次，如果我们身边的人真的要创业，我们不仅要在精神上进行鼓励，还可以在创业早期给予一定的资金支持。如果这笔钱对你来说亏光也没有影响，那么不妨把它投给对方。如果创业成功，那它的收益将超乎想象。

再次，我们自己没有实力自己成立投资基金，但是有一些私募股权投资基金，是将很多人手上不多的钱集中起来成立的。这个基金的持有人就叫作合伙人。合伙人又分成两种，一种叫一般合伙人（GP），其创办者自己出资并负责经营管理；另外一种叫有限合伙人（LP），出资者同时拥有一部分权益。作为普通老百姓，我们可以出钱成为LP。如果这个私募股权基金眼光准，找到了有潜力的投资标的，那么产生的收益会按照合约分配给合伙人。这种模式就是我们普通人参与私募股权投资的基本方式。

所以股权投资离我们并不遥远，也并非富人的专利。有一定资金实力的人，在整个家庭资产投资组合当中，可以包含一些私募股权的投资。

这里要特别说明一下私募股权投资的三个基本特点。第一，私募股权投资的风险非常高。第二，它的投资周期一般比较长。第三，它的起股金额通常比较高。

私募股权是还未上市的公司的股票，没有市场价。那么私募股权的估值是如何计算的？当然，一些专业的私募股权投资者会有针对不同行业的估值模型。我在这里给大家讲一个最简单的方式，就是对一家已经相对稳定成熟的非上市公司来说，它的价值可以用它的5倍到10倍的市盈率来计算。比如一家公司一年的利润是1000万元，那么它的估值就是5000万到1亿元。如果你拥有这家公司

10%的股票，就相当于拥有500万到1000万元的私募股权资产。当然这里讲的是已经有稳定盈利的公司的估值。

对于一些还没有盈利，甚至仍在发展起步阶段的公司，估值通常就要看这家公司正在资本市场进行融资的估值。假设这家公司正在跟下一轮的私募股权投资者谈融资，准备拿出10%的股权，希望对方能够投1亿。那么事实上这家公司已经对自己做了一个大约为10亿的估值，如果你拥有这个公司2%的股权，那么即使此时这家公司还不赚钱，但是因为它的商业模式、市场占有率、客户资源、销售额等因素共同决定了它值10亿，那么你的股权就值2000万。

当然对于更早期的公司来说，无须太过在意其估值，先耐心等待它成长。如果公司能够顺利发展壮大，投资人就能获得很高的投资收益。如果最终失败也很正常，因为风险投资失败的概率本来就很高。

◎ 找专业的人替你投资

除了基金、股票、债券等，家庭理财中可以选择的另一类金融产品是信托。

金融建立在信用的基础之上。因为金融的本质就是资金的融通，这个行为的背后需要一定的信用作为支撑。信托的“信”，强调的就是信用或者信任，“托”就是将资金委托他人来管理。

所以，信托产品一般具备以下要素：一，委托人，即贡献资金的人；二，受托人，即资金管理人；三，受益人，即该信托收益归谁。

一个人拿出资金委托一个专业的机构去管理，本金以及产生的利息也许属于委托人，但也可以约定是其他人。基于这个特征我们把信托分成两类：自益信托和他益信托。

所谓自益信托，就是信托的受益人即委托人。他益信托，指的就是受益人和委托人不同。当然，受益人要由委托人指定。有人可能会觉得奇怪，怎么信托还能让别人受益呢？其实信托最初就是为了让他人受益，自益信托只是信托当中的一个特殊产品。只是随着中国投资环境的变化，目前中国大部分信托都是投资性的信托，不是财富的传承和管理。这种投资性的信托往往都是自益信托，该信托未来的本金和利息也就由投资人本人受益。

除了自益的投资性信托，家族信托也是一种主流方式，其中包括遗产信托。家族的主要财产拥有者将家族的部分或全部资产设立信托，给予家族成员收益。遗产信托即信托出资人去世以后，其资金成为遗产再交付给受益人。从这个角度看，信托也是家庭资产传承遗产管理的一个重要工具。目前国内的普通老百姓还无法享用家族信托，因为这个信托对资金要求较高，否则高昂的管理成本会使得家族基金无法设立。

下面重点讲讲投资性信托。投资性信托就是把钱交给信托公司，由信托公司利用这笔钱进行相应的投资和管理运作，双方约定投资的方向、投资的期限和预期的收益水平，以保证资金的安全和运作的规范。

投资性信托在家庭财富管理上的运用是很普遍的，因为投资性信托的收益相当可观，前几年一般一个信托产品的收益都达到了10%以上，风险也不大。当然，近来信托的收益也在逐步走低。最近几年经济不好，但信托出现问题、资金无法兑付的情况出现的概率也极低。为什么呢？

第一，信托公司在选择产品的时候更加谨慎，选择的项目相对安全。

第二，信托公司为资金使用方募集资金时，通常都要求对方有相应的担保，而且常常是实物担保，比如土地或者已建成的房子。而且，信托公司往往会要求担保的资金价值远高于融资的资金，甚至是一到两倍，因此一般不存在资金亏损的情况。

第三，中国信托行业的潜规则——刚性兑付。如果一个信托公司发行信托产品募资了一个亿后，将资金借给了使用方。假如使用方无法还钱，信托公司虽没有法律义务帮助其还钱，但在实际操作过程中，依然会先把募资方的钱赔上，这就叫刚性兑付。从法律层面看，信托公司没有这样的义务，因为它只是资金的管理方，只需努力保证这笔资金的安全运作，无法保证所有的信托合同一定能够偿还本金和利息。万一出现了市场风险、法律风险和道德风险等情况，导致资金无法兑付，这时就需要信托投资人自己承担风险。信托公司之所以愿意自掏腰包刚性兑付，是因为它虽然不承担法律责任，但是商誉成本巨大，如果不这样做，信托公司在市场上将逐渐失去信用，损失现有顾客和潜在顾客，经营也会面临困难。

以上三个原因使得中国信托，特别是投资性信托，多年以来很少出现信托公司违约的情况。

有人可能会提出质疑：信托产品收益高，风险又低，岂不是违反了风险和收益成正比的规律？如果真是如此，岂不是人人蜂拥而至赶去购买信托产品？

要说明的是，信托产品的确具备这样的优势，但并不是所有人都能买得到。原因可归结为二：

第一，信托的门槛较高，通常至少是五十万，一般是一两百万左右，三五百万一份的也很常见。因为信托法规定，每一份信托的持有人不能超过两百个，而一份信托的融资如果要达到两个亿，每一个信托投资人就至少要出资一百万以上。因此，只有那些高净值人群，才有可能进行这类投资。对于资金充裕的高净值人群来说，一两百万只是家庭资产中的九牛一毛，投资信托就很适合。

第二，信托流动性比较低。购买信托以后，一般情况下无法转让，也不能提前赎回。只有等到期限满了，才能拿回本金。

信托的低流动性和高门槛使得其相对的高收益和高安全性变得合理。

前几年信托行业的刚性兑付给信托行业积累了很多隐患和潜在风险，而且也不符合金融市场的基本规律：既然信托的收益远高于无风险收益率，当然就应当承担风险。如果市场中出现一种收益远高于无风险收益水平又没有风险的产品，就会扭曲金融市场的定价机制，最终将损害这个金融市场的运行。所以，2018 年以来国家推出资管新规，其中一个核心内容就是要打破市场不合理的“刚兑”现象。因此，2019 年以来信托市场出现兑付问题的产品也越来越多，这不奇怪；这是符合金融市场规律的，应该说这是市场回归正常的一个表现，所以对此我们应该理性地看待。

除了信托以外，大家平时听到的“金融期货”“期权”“互换”和“权证”等金融衍生品专业性要求很高，很多专业人士都不敢涉足，建议大家不要轻易尝试。

还有一类产品也属于金融衍生品，也很复杂，但是适合很多人投资，它就是结构性金融产品。结构性金融产品就是很多金融产品的组合，比如常见的可转债，即一种在一定条件下可按照预先约定的价格转化成股票的债券。可转债具有债券的基本特征——稳定的基础收益和本金偿付的期限，安全性也有保证。同时，它在一定的条件下可转换成股票的特质又能让你获取潜在的高收益。

举个例子，假设现在的债券价格是每份 100 元，在未来两年每份债券的利息是 3%。虽然 3%不高，但至少能保证每年 3 元钱的利息，而且两年之后可以把本金拿回来。如果该公司现在的股票市场价是 18 元，在购买债券的时候，给你一份特别的权益:在未来两年内你有权利用100元钱债券换5股股票。现在市场股价只有18元,现在转换当然不划算,但假如在未来两年之中,这只股票的价格涨到了20元以上,那么将债券转换成股票就能获取远远超过3%的收益。因此,可转债能给予投资人一个赚到超额收益的机会。

人们熟知的保本基金亦是如此。比如,基金公司发行一种保本基金,承诺三年期满的时候,如果基金运作良好,基金的净值在面值以上,你就能获得收益。如果基金在运作期间出现了亏损,基金公司也能保证到期时你可以最初面值的方式赎回资金,不让本金受损。

那么基金公司是怎么能做到的呢?其实,基金管理者是把基金的资金进行了分别处理:一部分保本,另一部分追求高额收益。假如基金公司总共收到100万资金,取出其中的80万投资收益预计达到稍高于8%的债券,三年以后总共可获20万的收益,这80万就变成了100万,而这份相对安全的债券投资就是保本。基金公司会拿另外20万来参与非常激进的投资,让基金的受益者获取高额收益。很多人极为追捧保本基金,认为它安全可靠,但其实保本也意味着产生高收益的概率不大。

◎ 黄金、期货

最后来介绍一下实物资产的投资。

除了房子,其他所有的投资理财工具都是金融产品。金融产品最大的一个特点就是看不见、摸不着。它是在信用的基础上依托法律的规则签订的一纸合同,而用金钱买到的金融资产其实就是买到了未来的一个预期。

但还有一类资产是实物。这类资产是用钱换来的实实在在的东西，而不只是一个预期、一纸合同。这种实实在在的东西又不是日常使用的商品，而是会带来预期收益的资产，这类就叫作实物资产。实物主要分为两类，一类是贵金属，另一类则是所谓的收藏品和艺术品。

传统上把黄金投资市场也囊括在金融市场里面，但我个人从投资理财的角度认为，黄金不应该成为金融的一个部分。首先，黄金本身的金融属性在不断地淡化。其次，它的特征与实物资产更为接近，所以我倾向于把它作为实物资产来进行分析。

当然，定义和分类并不重要，重要的是如何运用投资工具来实现家庭资产的目标，这才是理财的目的和价值所在。

简要分析一下黄金的特点。

第一，黄金对抗不了通胀。

第二，黄金市场的风险并不比股票市场或者是外汇市场的风险更低。

第三，只有在社会出现大幅动荡的时候才通用，黄金便于携带的价值此时才体现出来。

第四，传统观点认为黄金跟主流货币有反相关性，能够规避主流货币的贬值风险。这种说法也不科学。事实上，黄金作为投资品，地位在不断地弱化，更不要说作为货币的替代品。

讲到这里，大家应该明白了，要将黄金从家庭资产的组合当中剔除，更不要为了保值而去购买金首饰。

有些人购买的不是实物的黄金，而是纸黄金。所谓纸黄金，就是花钱买了黄金后取得黄金存折，以方便随时地买入和卖出黄金。现在很多投资黄金的人都在购买纸黄金。从我们投资的角度看，这种方式也不是投资黄金，而是炒黄金。

什么叫"炒"？"炒"就是频繁地买入卖出，也就是俗称的"低买高卖"，获取差价收益。实际上，"炒"跟投资没有任何关系。"炒"只是把东西当成赌场的筹码压大小，压对则赚，压错则亏。

这种"炒"的行为也延伸出了大量所谓的技术分析。电视上经常有专家说不懂技术怎么能投资呢？然而股神巴菲特也不懂技术，看不懂所谓的技术指标、走势、图形、线，但他却是公认的投资之神。家庭资产投资组合的设计与管理过程不要求技术，也不涉及低买高卖的盈利模式。所以，炒黄金一般不作为家庭资产投资组合的考虑内容。事实上，只有在国家出现严重动荡或全面战争的极端情况下，黄金由于其便于携带和国际通行的特征，才有一定的避险价值。但显然，现在中国不是这种情况，在可见的未来我们认为也不会出现这种情况。同理，铂金、白银，都不建议纳入家庭资产组合里。

中国历史悠久，文化源远流长，很多家庭或多或少都收藏了一些值钱的老货。我个人是很推崇收藏的，也推荐大家在家庭资产组合当中将收藏列入其中，因为收藏不仅赚钱，还能给收藏者带来享受。一幅字画挂在家里，10 年以后卖出，涨了 3 倍，赚的除了 200%的利润，还有 10 年当中获得的艺术享受。人生的最高境界不就是把赚钱和享受生活融为一体吗？

当然，收藏要遵循一个最基本的原则——"最后进门，最先出门"。什么意思呢？所谓"最后进门"，就是必须在把家里该置办的东西都置办好的情况下再购买收藏品；"最早出门"则是指典当时要首选这些收藏品，因为它们不是生活的必需品。

我们在理财过程中还要考量收藏品的收益。首先要保证不要买到假的收藏品，因为赝品不存在内在价值，它意味着投资的失败。其次，收藏品要经得起时间的考验。最后，收藏品要具有艺术欣赏价值。

当然，有艺术欣赏价值的东西不意味着都能成为收藏品，合格的收藏品还需要具备稀缺性。现在有很多的工艺美术品都很美观，但是由于大批量生产的缘故无法成为收藏品。

总之，艺术性、稀缺性和经得起时间考验的时间性，这三点构成了收藏品价值的核心要素。如果不符合这三点，则不建议收藏。

二十多年前中国流行收藏电话磁卡，当时电话磁卡的价格也被炒得非常高。但是电话磁卡并不值钱。原因在于，时间久了电话磁卡会消磁变成塑料片，未来也不会用它来打电话，它终将退出历史舞台；电话磁卡上印有的工业设计的图案不具备艺术性；电话磁卡完全不具备稀缺性。三大要素都不具备，显然这种收藏炒作不过是泡沫。

这个例子中，需要告诫大家的是，收藏品确实非常有魅力，但是其投资风险也很高。

首先它存在真假的风险。大量的收藏品，特别是古董类的，造假比例相当高，如果大家想涉足收藏品，务必记住以下几个原则。

第一，用闲钱购买收藏品。

第二，一开始不要好高骛远买大件和重器，可先花小钱试水，逐渐积累眼光和经验，再逐步加大资金投入。

第三，挑一两类自己喜欢的收藏品类别，深入地研究学习。

最后，要有良好的心态。收藏品价值的上升都需要一个相对较长的期限。即便在大牛市当中涨幅非常大，也需要时间的积累。如果从短期来看，它的收益也不会太高。

不过,随着现代金融业的发展,一种专门的收藏基金应运而生,如果大家真的非常喜欢收藏,又希望通过收藏来赚钱的话,可以考虑购入一些艺术收藏品基金。

理财小建议:盛世收藏,乱世黄金!

第五章
量体裁衣:安排明白家庭资产

❶ 资产配置不是简单的“433”

资产配置在理财规划当中无疑占有着最核心的地位。很多人一讲到理财规划,往往想到的就是资产配置:买股票、买房子和买保险各花费多少钱。这种观点虽然有些偏颇,但是确实抓住了理财的一大核心。

我在前文中曾强调,了解自身或家庭财务状况需要两项核心财务数据:现金流量表和资产负债表。通过现金流量表可以知晓如何扩大收入,减少支出;资产负债表则帮助我们在配置资产时更加符合本人的财务特征和需求。实际上,理财规划在操作层面上的具体内容也就是进行资产配置。下面我们就来具体说一说家庭资产配置要注意的事项和原则。

首先,资产配置就是把财务资源分散在不同的资产类别上,构成一个投资组合。每一项具体资产都有其特征，比如安全性、流动性和收益性等。这些资产构成的投资组合，也同样具有这三个基本特征。作为个人理财者，真正应该关注的是整个家庭资产的这三个特征，而非只在意具体某一项资产。当然，整个家庭资产组合的安全性、收益性和流动性与每一个单项资产都密切相关。

整个家庭资产组合的流动性就是各单项资产流动性的简单相加，若每一个单项资产的流动性都高，整个组合的流动性也一定高。整个组合的收益性则等于每一个单项资产收益性的加权平均。安全性跟前两者不同，它就是所谓的风险，是有方向的。所以，整个投资组合的安全性是每一项资产的安全性的矢量叠加，遵从前文提过的平行四边形法则。把不相关的甚至反相关的资产组合在一起就可以有效地降低风险。那么什么叫无关和反相关呢？比如经济颓靡时企业经营困难，同时股票市场、房地产市场都会走低，这三类资产的风险就是具有相关性的。但是，这时债券等安全的固定收益类资产的收益却可能会上升，因为市场低迷时，大家都不约而同地去购买安全类的资产，同时也因为经济萎缩时国家通常会通过减息的方式刺激经济，当利息下降的时候，固定收益类的资产的价格就会上升。所以，债券和股票、房产等非固定收益类资产的价格就会出现反向变化的趋势，那这两者就叫作反相关。基金基本上都是债券与股票的组合，也是出于这个原因而设计的。

另外，投资组合的安全性、收益性和流动性之间也有一定关系。一般来说，收益性高，风险相对也会高一点；收益性低时，表现出来的流动性就高。由于整个家庭资产的流动性和收益性也是反相关的，当通过降低流动性来提升收益性时，风险也随之上升了，所以流动性和安全性是一种正相关关系。

这三个投资特征是互相辩证和制约的关系，不能过于强调某一种。强调安全，收益就不会很高。举例来说，投资实业是各类投资当中收益最高的，但是风险也是最大的，流动性也是最差的。同理，很多人以为房地产资产安全，但它的风险其实比股市的要大。首先，房地产资产跟股票资产都是不确定收益的资产，都面临着高风险，而且它们与经济大环境相关，经济颓靡时二者都会下跌。然而，因为股票资产的流动性比房地产更强，可以及时止损，但房子一旦价格下跌根本卖不出去。其次，我们买房子通常都会使用贷款。通过按揭贷款来购房又进一步放大了风险。一轮股市熊市能让很多人的财产缩水，而一轮房产熊市却能轻易使人破产。20 世纪末发生了亚洲金融危机，香港房价暴跌导致大量的香港白领出现负资产。当然只要能够按期偿还银行的按揭贷款，仍然可以宣布不破产。但是，很多人清点自己的资产后，发现负债超过了总资产，资产负债表显示的就是负资产。究其原因，就是在于买房子。房地产市场一旦下跌，房子根本卖不出去，这一点也放大了房产的风险。

关于收益性、安全性、流动性之间的关系，还可以通过以下的例子来说明。

比如去银行存钱一年，存款安全性很高，利息就要低一点。但是，如果买银行的固定收益的一年期理财产品，会发现它的收益比存款要高一些。都是同一家银行发行的，安全性也很接近，为什么理财产品的收益就显著高于存款呢？这是因为理财产品的流动性比较低，期限要求严格，投资期间不能提前兑付。存款即使是定期，需要的时候依然可以取出来，流动性更好。所以，理财产品相对的高收益是以牺牲流动性为代价的。同理，很多基金也有类似的设计。比如，购买基金后持有基金的时间越长，赎回费就越低，甚至可以免去。这种基金就是利用了投资的收益性、安全性和流动性之间的关系设计出的多样化选择，以此满足不同家庭和个人的投资需求。

普通投资者往往会忽视流动性。对专业投资者来说,流动性反而更应该予以重视。有一个关于投资的测验题,测的就是在流动性、安全性和收益性三者里,你首先考虑的哪一个?专业投资者通常首先关心流动性,对企业的经营而言,流动性更加重要,现金流一断,企业立刻面临破产的风险。

从资产安全性的角度考虑,大家应当安排几种资产类别互不相关的资产,但需要注意的是,这种不相关并不一定体现在资产类别的不同上。曾经有一个从事金融证券行业的人员为了分散资产风险,买了股票以后,又考虑买房地产资产,他也看中了金融街上的一座办公楼,因为当时那座办公楼的租金收益相当不错。这位专业投资人员最大的资产莫过于他自身的专业能力,其次是他大量投资的股票资产,最后是打算投资的房地产资产。看起来,他的资产做了很好的分散,但其实这三个资产相关性极高。一旦资本市场出现问题,股市下跌,不光他手上持有的股票受损,他所在证券公司的收入水平也会深受影响。如果整个资本市场低迷,那条街上的办公楼将出现大面积的空置,租不出去,办公楼的租金收益也会下降。可见,他的资产并没有实现有效的分散,相反,他整个家庭财务资源的风险非常高。

家庭资产组合的安全性、收益性和流动性是这个组合中的每一个子资产的安全性、流动性、收益性所构成的。要了解整个资产组合的三性,就必须对每一类资产的安全性、流动性、收益性以及各类资产之间的相关性有所了解。下面来介绍一下比较常见的几类资产的三性以及互相之间的相关性。

首先是安全性,把各类资产的安全性从高到低做一个排序,如下:

第一是活期存款。

第二是定期存款——定期存款的期限越短,安全性越高。

第三是国债。

第四是货币基金。货币基金的安全性与短期的银行理财产品差不多。货币基金的特点是收益浮动，但本金基本上安全。虽然理论上有可能亏损，但实际操作过程中一般只有收益高低的区别。

第五是银行的理财产品。现在银行卖的理财产品基本上是保本保息的，具有比较高的安全性。当然现在资管新规要求打破理财产品刚性兑付的现象，但银行理财产品仍然是风险很低的一类资产。此外，目前银行的理财产品大都为短期，所以在这个前提下我们把银行理财产品放在第五位。当然，最近银行推出的一些类似基金的非固定收益理财产品是例外。

第六是大型企业的债券。这里不是指公司规模特别大，它的债券就安全，而主要指通过信用评级，信用等级最高的 AAA 级公司发行的一些债券安全性会比较高。从 AA 级往下为 AA 级、A 级，然后是 BBB 级、BB 级、B 级。信用等级不同，风险相应也不同。在同样信用等级的背景下，期限越短的债券越安全。

第七是债券型基金、保本基金等由专业机构管理的一类资产。这些资产的风险等级从低到高大致如下：债券型基金、保本基金、偏债型基金、平衡型基金、偏股票基金、股票基金、指数基金。此外，信托的风险在理论上比债券高，但实际运作过程中基本与债券相近。

第八位是直接投资股票和房地产。股票的种类多样，如蓝筹股、普通股票、创业板的小股票、另类股票等。其中，中国主板股票的风险低于创业板股票的风险，而创业板股票的风险又远低于新三板股票的风险。新三板股票的风险之所以比其他股票要高，除了本身企业成熟度较低，主要原因就是它的流动性不够。

在各类房产资产里，住宅类风险相对较低。商业地产，比如办公楼、商铺，风险都高于住宅。所以,我们一般也要求这些商铺和办公楼的租金收益要高于住宅的租金收益。大体来说,房地产与股票的风险相近。但是,如果用杠杆购房,则买房的风险高于股票。

第九位是黄金。很多人有种误区,认为黄金的风险不高,但黄金作为投资品的风险其实相当高,甚至可能超过股票。

当然,风险最高的是做实业,不过做实业也是回报最高的一类投资。

以上是常见的各类投资产品按照风险高低的大致排列。下面就来简单分析一下这些产品的收益性:

第一,活期存款的收益很小,利率一般只有百分之零点几。

第二,定期存款的收益与年限成正比,以 2019 年为例,存一年期的利率大致在 1.5%~1.7%左右,我们通常把这样的收益率定义为无风险收益率。

第三,国债也基本保持 3%左右的水平,短期国债甚至低于这一数字,而长期的国债收益率则要高一点。

第四,货币基金的收益大约和一年期存款差不多。

第五,银行发行的固定期限的理财产品收益率大概为 3%~5%,比银行储蓄略高一两个百分点的收益。

第六,企业债的收益与风险的光谱很长。同样是企业债,风险分布很宽,对应的收益分布也很宽。风险基本上与它的信用评级对应:信用评级越高,风险越低,信用评级越低,风险越高。

风险等级最低的是 AAA 级的一些企业债,它的风险和收益基本和银行的理财产品差不多。AAA 级以下的企业债信用评级逐渐变低,有 A 级,甚至是 B 级,乃至 C 级、D 级、E 级、F 级……我们一般将 C 级以下的债券称为“垃圾债券”。

“垃圾债券”不代表就不是好的债券，只不过它的信用等级较低。信用等级低，收益相应地就较高，因为风险与收益对等。

第七，基金的种类也有很多，收益的光谱也很宽，从保本基金、债券基金（其回报也跟理财产品差不多——3％到5％）到平衡基金、股票基金（预期收益可达到10％左右）不等。

第八，直接投资股票的预期收益率大约是10％到15％。买房子的预期收益率也是大约10％到15％。房产的收益分为两块：一是租金收益，二是房子增值的收益。

还有一种是信托产品。信托的收益与风险关系有其不同之处。信托的收益率接近10％，但它的风险显著低于同等收益水平的其他理财产品，比较接近于债券的风险程度。信托之所以能在风险收益比中获得优势，有两个前提条件：一是它的起买本金较高，二是它的流动性很低，一般购买后必须到期才能赎回。这两个特点使信托在风险收益比上占有一定优势。

第九，还有一类较特殊的产品就是黄金与收藏品。但是，它们的风险性和收益性，与前面讲的金融产品不可同一而论。例如，黄金的预期收益——即使赶上通胀率——也只有2％、3％，同时风险非常高。收藏品的收益则更不好说，但从长期平均来看，也只是达到与通胀率持平的水平。

以上所讲的收益都是预期收益。预期收益就是投在某个市场长期内的平均收益。因此，我们看一个投资产品，不能用眼前的数据来判定市场风险的高低。

还有一些风险投资，例如私募股权投资，它的平均收益率大约可达到15％。至于实业投资，它的预期收益率也在15％左右，当然这类投资风险非常高。尽管如此，实业投资给我们带来的不光是收益，还有个人梦想的实现、自我价值的体现、人生经历的磨炼等额外的东西。因此实业投资仍然是那些渴望成功的人最常见的一类投资方式。

大家可以尝试画一个风险收益坐标系，坐标系的横轴是收益率，纵轴就是风险。再尝试把了解的各类投资产品，放到这个坐标系中。然后我们会发现一个现象：各种金融产品在这个坐标系上，并不是随机分散的，而是比较集中地趋近于某条倾斜向上的曲线。这条线就是市场的风险收益曲线，也叫最佳市场线。在一定的无风险收益环境下，这条线就是我们能够获得的最佳投资结果。

通过观察这张图，我们能发现，随着各类金融产品的收益越来越高，相应的风险也一定越来越高。而在这条斜线的起点——即风险为零的时候——它的收益率并不为零。目前大约在3%左右，这个收益率就叫作无风险收益率，其他所有投资产品的收益都应该比这个高。一个投资品之所以能获得比无风险收益率更高的收益，这是因为承担了一定的风险而获得了额外的收益，因此这个额外的收益也叫作风险收益。

如果你发现你画的某个产品位置显著地处于这条斜线的右下方。也就是说它的收益很高，相对应的风险又比较低，那么需要格外注意，可能是你在画图时把它放错了地方。另一种可能是，这个产品有问题，或者存在欺诈，或者存在你尚未注意到的潜在风险。

也有一些产品会显著处于这条斜线的左上方。这类产品承担同样的风险，但获得的收益太低，你完全可在市场上找到和它收益率相同但风险更低的产品，或是风险相同但收益率更高的产品来代替。

大家可以把自己知道的各种投资理财产品都放到这样一个风险坐标系上，再把你自己买到的各类资产放到这个风险收益坐标系上，看看自己的各类资产都分布在什么地方。如果你的各类资产都处在高风险区，那就不是很好的配置方式，反之如果都在低风险区也不太好。最好的方式应该是分散投资，确保低、中、高不同风险下都有一定的资产。

说完收益性和安全性，再来说说各类金融产品的流动性。

流动性最高的是活期存款。这相当于现金。

然后是货币市场基金以及各类基金（这里讲的各类基金为公募基金，私募基金的流动性要差很多）。

债券分两种：一类只能到期拿本金和利息；还有一类可以上市交易。后者的流动性比前者好。

股票的流动性比基金要稍高一点。

银行理财产品流动性较低，但期限较短，大部分一年之内就可以兑现。这也是为什么大家目前很喜爱货币基金，包括支付宝、微信里的一些互联网理财产品。它的流动性跟现金差不多，收益性跟银行理财产品差不多，本质上就是一种货币基金。

总的来说，除了那些有固定期限的金融产品以外，其他产品的流动性都还相当不错。而那些有期限的产品，还要看它是否给你提前赎回的机会。比如，银行定期存款虽然有期限，但是你可以通过放弃定期的收益来提前支取。

在金融产品中，流动性较差的是一些私募基金，包括信托，一般在到期之前不能赎回。私募基金也比较复杂，也有一些私募基金在成立一段时间后，在一定条件下开放赎回。

除了金融资产，还有另外两类——黄金和收藏品。相对来说黄金的流动性不错，按照市场价格随时可以买卖交易，而收藏品的流动性要差很多，基本上收藏品的买卖只能在熟人之间进行，或者是通过拍卖市场进行。此外，众所周知，房产资产的流动性比金融资产差很多，私募股权投资的流动性则更差。当然，流动性最差的资产是未上市的企业资产。

这是关于各类金融产品流动性的大致分析。我们在构建家庭资产组合的时候，要做到心里有数，把安全性、流动性和收益性三个因素统一进行考量。接下来就可以进行具体的家庭资产组合的设计了。

理财小建议：保持总体资产具有适当的流动性是家庭资产配置中重要的考量指标。

❷ 认识不同资产的不同属性

构建家庭资产组合不能只考虑房产、存款和股票。也不能单纯将资产分为金融资产、房地产资产和实业资产，而是应该抓住一个核心关键点：资产是为人服务的。

如果从这个角度对资产进行分类，我们可以将家庭资产分成使用资产、保障资产和投资资产三大类。

使用资产是你拿来用的资产，比如你自己住的房子、你开的车子、你家里的红木家具等。例如，你的房子从原来的 100 万元现在涨到了 1000 万元，你还是住在这个房子里，那么它的涨跌对你的生活没有太大的影响。所以通常情况下，大家不要太介意使用资产的涨跌。但在家庭规划当中，使用资产占整个资产的比例问题却是极其重要，因为使用资产比例高了，那么你的投资资产和保障资产比例相应就会降低。

保障资产指的是什么呢？储存的现金、应急金、各种保险，特别是用于应对各类风险的消费型保险，都属于保障资产。保障资产的特点是不以挣更多的钱为目的。它既不像使用资产那样是当前使用的，也不像投资资产那样就是为了挣更多钱的；保障资产是为了应对未来的不时之需而储备的资产。对这类资产收益不是考虑的主要内容，其收益率一般最多能够对抗通胀。

除了使用资产和保障资产以外，还有一类资产。这类资产没有别的目的，就是为了用来挣更多钱，这一部分就叫投资资产。

所以我们做家庭资产配置时，第一个要解决的就是合理分配使用资产、保障资产、投资资产比例的问题。那么这三者比例为多少才合适呢？这需要结合每个人的特点、年龄阶段和家庭结构来分析。也要结合总体经济环境，在经济景气好的时候可以多配置一些投资资产；在经济下行的阶段，保障资产的比重就应该增加。

总的来说，越年轻的人的使用资产比例越多。到了一定阶段，你生活所必需的资源都配置好后，再积累的资产就是在增加投资资产。所以一个基本规律是——随着年龄的增长，投资资产的比重越来越大。

保障资产也与年龄有关，年龄越大保障资产越多。但是另外一个方面，随着年龄的增长，投资资产比重也在增加，这时保障资产的比重就会相应地减少。不过，投资资产可以转化为保障资产，所以总体来看，这两者并不矛盾。

举个简单的例子，理财最基本的原则是首先储备 3 到 6 个月的应急金，其次做好保险的安排。但对于那些高净值人群来说，他的资产实力雄厚，并不需要在意是否需要这笔钱。所以当投资资产越来越多的时候，保障资产其实可以相对减少。但在没有投资资产的时候，就要先安排好保障资产。

所以我们在做家庭资产配置的时候，第一步要安排好保障资产。保障资产最优先的就是 3 到 6 个月的应急金，其次要有适当的保险。特别对年轻人来说，大病险、意外险相当有必要。随着资金实力慢慢提升，还可以增加一些医疗保险、养老险。在组建家庭后，要对家庭承担责任，这时候还要买寿险。所以保障资产是优先考虑的。

然后要考虑的是使用资产。开始添置使用资产的最主要时间是结婚前后。一般新婚夫妻为了组建新家，在使用资产上投资会非常大。事实上很多人为了结婚，会把以前攒的所有钱都变成使用资产，甚至还要找父母提供支持。这无可厚非，但消费安排的核心在于合理消费。所谓合理消费就是不要攀比，而是按照自己实际的经济能力来消费。“月光族”一般会将自己的资产和挣到的钱都用于消费，缺乏足够的保障资产，更不要说投资资产。其最大的问题就是在三类资产的配置上犯了严重的错误。

与此相反的是，一些老年人可能过度节省，习惯把挣到的钱都攒起来。这类人的财富状况也同样不好，因为他们没有把挣到的钱用于投资，导致家庭资产中保障资产太多。通货膨胀不断地消耗他们财富的价值，未来也无法获得很好的财富增值。另外，一味地追求自我保障，把钱都放在保障资产上带来的后果就是，当下的生活质量和实际收入水平不相称，未来的生活也无法获得预期的改善。

因此，我们在做好基本的财务保障后，按照个人需要和收入水平尽早构建自己家庭的使用资产组合和投资资产组合。

这里有几个要点需要注意。

第一，结婚通常会消耗我们大量的财务资源，并将它都变成使用资产。因为结婚本身就是成家立业。在这个时候你可以把你所有的投资资产变成使用资产，但是保障资产绝不能少。所以大家在筹备婚事的过程中，不管如何开销，一定要留下充足的应急金和适当的保险。

第二，自住型的房子属于使用资产。我们衡量一个人的财富情况是看他的可投资资产有多少。比如有的人在北京、上海等大城市拥有一套房子，虽然总资产不算少，但这是使用资产，不是可投资资产。

第三，在使用资产里有一项东西要注意，就是车。很多人做理财的时候都喜欢把车列为一项资产。其实，严格来说，车连使用资产都算不上，它只是一个消耗品。使用资产必须有一定的市场价值，甚至能保值或者增值。比如你在宜家买一套家具，它不能算使用资产，只是使用的家具。但是如果你买一套红木家具，那么可以算是使用资产，因为它不仅能使用，它还能保值甚至于增值。从这个角度来说，一般的汽车也只是一件拿来使用的代步工具而已，不算资产，所以我们要改变对车的观念。

最后还要注意的是收藏品。收藏品属于投资资产还是使用资产呢？要看具体情况。比如你从小喜欢集邮，收集了各种珍贵的邮票。有邮票行家看了你的收藏后说："这些邮票现在市场价值有100万元。"那么我个人更倾向于把这些邮票归为使用资产。因为每一张邮票都有你儿时的记忆和它背后的故事，收集这些邮票的主要目的是给自己带来愉悦和享受，并不是为了挣钱，那么它就是使用资产。当然它也可以变现，正如你自住的房子也能变现一样。如果有人判断邮市可能会上升，于是到邮票市场上花了100万元买了一本邮册，等着它涨价，这种情况下它就属于投资资产了。

我们在为自己搭建家园时，要尽量购买那些能成为资产的东西，即价值有保证，不会随着时间的推移而被消耗掉的东西。

最后我们来谈谈投资资产组合。投资资产是怎么构成的呢？对家庭投资资产组合，可以有四个不同的方式来进行分类。

第一种是按照项目进行分类，可分为金融资产、房地产资产、企业资产、另类资产；金融资产又可细分为存款、债券、股票等；房地产资产包括住宅、商铺等。

第二种是按照流动性或时间尺度划分。比如有些东西可以立刻兑现，有些东西可能永远也不能兑现；有些东西可以短期兑现，有些东西要很长期限才能兑现。我们前面分析过各类投资工具和产品的流动性特点，那么你也可以看看自己的家庭资产中，短期的流动性很高的资产比例有多少，流动性很差的比例又有多少，介于两者之间的比例又有多少，这就是时间尺度。

第三种是按照货币尺度划分。什么叫货币尺度？绝大部分资产都有一个与自身资产价值对应的货币。比如你在中国上海有一套房子，那么影响这套房子价值不仅与它的市场价格有关，还与人民币币值有关。如果人民币大幅贬值，那么这套房子也一定贬值。如果你在澳大利亚有一间工厂，工厂的价值一定也是用澳元计价。所以，除了黄金、收藏、珠宝这些实物资产以外，其他大部分资产都跟货币有关。

第四种是按资产的地域性来划分。有些资产，例如金融资产，它的地域性不强，可以移动，但有一些资产它没法移动，比如企业资产、房地产资产等。这些资产与当地的经济市场直接相关，无法迁移。

所以在分析家庭投资资产组合时，我们可通过四种不同的方式来进行分类。而且，在做资产配置的时候，项目配置、时间配置、货币配置和地域配置等四个方面都要做全盘的考量，这就是我们常说的家庭资产的四维配置。

理财小建议：家庭资产配置的第一步，是结合经济环境和个人生命阶段合理安排使用资产、保障资产和投资资产的相应比例。

❸ 如何进行有效的家庭资产配置?

下面来讲讲投资资产组合的设计。关于投资资产,我们首先要考虑金融投资,这也是普通家庭投资的起点。因为金融投资可从小额开始,比如货币市场基金,三五百元就可以买。一般来说,当金融资产积累到一定程度,就可以开始考虑持有房地产资产,再到一个更高的阶段的时候,则可以考虑一些股权类的投资。至于一些另类的投资,可以等有了金融投资和房产投资都有了一定的配置之后再做安排。

另类投资的种类非常多,如各种金融衍生品、实物投资、黄金、收藏,还包括一些非标产品、P2P 等。有一个产品比较特殊,就是具有投资功能的保险产品。理论上说,具有投资功能的保险产品也属于复杂的组合型金融产品,但考虑到这类资产的安全性和日益成为主流的投资趋势,我们可以把投资型保险也归为基础金融投资。它和基金非常类似,都是委托一个专业的机构来帮我们打点资产,只不过附加了很多理财和保障的功能。

我们的家庭投资资产组合里,优先要考虑的是金融投资。从我们工作攒钱开始,我们的投资资产就在不断地积累。一开始可能只是存点钱,购买一些理财产品,之后可以适当地买一些基金或者股票。持续 3 到 5 年以后,你就会积累下一笔相当不错的投资资金。

通常,这时人生到了谈婚论嫁的阶段,可能为了买一套房子,把自己所有的积蓄花完。但当成家之后,生活稳定下来,夫妻两人存钱的速度就会更快。这时候又需要重新开始构建自己的金融投资组合，顺序也是一样：先存钱，买理财产品，然后定投买基金，买股票，买债券。通过这些股票、基金、债券构建的金融资产组合，一方面不断地投入，另外一方面不断地增值，最后实现家庭投资资产组合不断扩大。

等到一定阶段，金融资产积累到几十万元，甚至一两百万元的时候，就要考虑是再买一套房子，还是继续通过金融投资来积累财富。在这个阶段可以考虑再买一套房产作为投资性房产，但前提是要保证通过按揭贷款再买一套房产之后，手上还能有个几十万的金融资产。这是因为，如果为了买房子，把手上的金融资产全部耗光，带来的一个直接后果就是整个家庭资产的流动性极大地降低。金融资产与房地产资产最大的不同在于：金融资产的流动性普遍较高，所以不能简单地把钱都换成房子。

在我们做家庭资产投资组合的时候，也要考虑到流动性问题。一个家庭原则上不可以没有金融资产。我们每个月一定会有结余，这些结余的钱除了考虑配置好适当的保障资产以外，就是要不断地积累投资资产的组合。而可以日积月累进行投资的资产只有金融投资。

因此，家庭资产里金融资产的比重是处于不断变化之中的，没有什么比例是最好的比例。但是按总趋势来看，在家庭投资资产组合当中，相对来说，年轻人金融资产比重更高，较年长人士房地产资产比重更高是比较合适的。

这里涉及一个适合性的问题，金融投资可能更适年轻人，而房地产投资更适合老年人。为什么？因为金融投资面临的是市场的随时变化，投资者必须对市场、经济、政策非常敏感。此外，年轻人需要用钱的地方相对比较多，对家庭资产的流动性要求也更高。反之，人的年纪越大生活越趋向稳定，也就越适合持有房地产资产。

这里有一个很有趣的现象：在金融投资，如股票投资当中，年纪大的人很多，反而年轻人都特别热衷买房子。当然如果为了成家而置业无可厚非。但是从投资的角度来说，其实年轻人更应该寻求适合的金融投资。更多的金融资产可以使你的整个资产组合有更好的流动性，也就有更多进退与调整的机会。

举个例子，你现在拥有 100 万元的金融资产组合，而你的朋友拥有一套 100 万元的房子。这时候你们想去进修，读 MBA 的学费是 50 万元。那么你可以把金融资产卖出其中的一半，报名交这个学费，剩下的可以继续做投资。但你的朋友就比较麻烦，因为房子不能拆分来卖。

所以，无论从生活的需要，还是投资的性质来看，金融投资都更适于年轻人，房地产投资更适于年纪大的人。对绝大多数人来说，家庭投资资产的组合基本就是基础的金融投资加上房产。而基础的金融投资无非就是债券、股票或者基金。因此，家庭资产组合说复杂可以很复杂，说简单其实也非常简单。在安排好使用资产和保障资产之后，你可以通过买几种基金来不断地累积金融资产，再到了一定阶段，就可以再买一套房产。基金加房产的组合，就构成了我们家庭投资资产的主体部分。

而另类投资，年轻人暂时可以不要考虑。只在有足够的基础性金融投资资产和房地产资产时，才可以进一步考虑另类投资。因为，无论是信托、非标，还是私募债券，它们的投资起点都比较高。

那什么情况下才考虑这些所谓的另类投资？答案是当这样的产品只占家庭资产很小的比例的时候。例如，一个成功的家庭主妇，她的家庭可投资资产有 2000 万元，那么此时她选择配一些 P2P，买一些私募债或者是信托，当然可以。

因为她的基础金融投资和房产投资这两类核心资产已经齐全。此外，另类投资的预期投资收益也比较高，为了增加家庭资产组合的丰富性，同时也提升投资的收益，她有必要配置这些产品。前文介绍的P2P、信托，以及商铺，也可以考虑。但是，收藏和私募股权投资一般来说应该是资金达到更高水平的人才会考虑。当然也有例外，有一些人对收藏特别有兴趣，而且有心得，或者本身就是企业的高管，对企业的经营和好坏的判断很有经验，风险承受力又比较高，那么他可能在资产还不是特别高的时候，就开始考虑一些收藏类的投资或者是股权类的投资。当资产达到更高水平，比如5000万元以上时，那么以上的投资都应该纳入投资资产组合的考虑范围。这大致就是我们构建家庭资产投资组合的基本思路。

在这个思路里，尽管我们特别强调资产配置的四个维度，但货币维度和地域维度是非常高净值的人群才要考虑的。尤其是地域维度，也就是俗话说的"把资产放到全世界不同的地方"，一般来说要在可投资资产达到5000万元以上才必须考虑。通俗来说，如果总共只有1000万资产，还要把它分别在美国放200万，澳洲放200万，中国放200万，日本放200万，欧洲放200万，然后每年到各地看看资产表现，会发现这笔资产甚至不足以支付这样的一个运作。分散投资是可以规避风险，但是同时也让投资收益下降。而且，任何一个投资行为都有成本，分散得越厉害，管理成本就越高。

货币配置要不要持有一些非人民币资产呢？一般来说，可投资资产在1000万元以上的人，就要适度地考虑持有一些非人民币资产。这样安排的主要目的是规避汇率风险。我们把资产做分配，不放在一个篮子里边，不是说不看好这个篮子，而是通过这样的一种分配可以有效地降低风险。如果可投资资产在1000万元以上，拿出10%到20%以非人民币资产的形式持有是比较合理的。购买外汇的储蓄、外汇的理财产品,或者直接在国内就购买一些港股或美国的股票、一些海外的理财产品,如 QDII 基金,甚至是在海外置业,都是构成非人民币资产的简单方式。

总而言之,货币配置和区域配置主要是高净值人群才考虑的,普通中产家庭的资产配置,主要考虑的是流动性和项目配置。在流动性原则中,越年轻的人对流动性的考量越重要。对相对年纪大一点、资金使用不那么频繁的人,他的资产流动性适当降低也问题不大。但是一定要记住,在我们设计家庭投资资产组合的时候,流动性是一个永远不能忽视的要素。

至于项目投资,我的建议是:不要追求新鲜,现在流行什么,就投什么;也不要过度分散,这里买一个,那里买一个。有些人认为自身金融理财知识很多,所以这样也买,那样也买,其实并不需要。作为一个有正当职业,踏踏实实工作的年轻人,投资资产组合就是通过基金定投的方式,不断地积累金融资产。金融资产积累到一定阶段了,再做一个房产投资。这是相对来说更合适的资产配置方式。

另外随着年龄的增长,可以再考虑适量的投资型保险的投入,例如一些分红险、投资连结险等产品。不要买太多种类的金融产品,甚至具体股票、具体债券不买都可以。此外,我们一直说要对家庭资产做一些分散的管理,不要把鸡蛋放在一个篮子里面,但是也不要过度分散,过度分散对进一步降低风险意义不大,而且会极大地增加管理成本。

理财小建议:鸡蛋不要放在一个篮子里,同时,这些放鸡蛋的篮子还应该放到不同的桌子上,否则桌子倒了,桌子上所有篮子里的鸡蛋也都碎了。

第六章
以变应变:及时调整家庭资产配置

❶ 政策变了，资产配置也要跟着变

◎ 家庭资产配置什么时候需要变?

大家在管理自己资产组合的时候,首先要判断自己的资产组合有没有什么问题,然后着手调整。事实上,我们每个人都有意识无意识地对家庭资产做了安排,那么在系统学习了理财以后,第一步就是要运用所学的知识,对自己的家庭资产组合进行调整与优化。第二步就是要及时调整资产组合,来适应经济形势、宏观环境、投资市场和我们自身的各种变动。

首先来看如何进行家庭资产组合的诊断。大家要确认家庭资产当中保障资产、使用资产和投资资产的比例是否合理。首先主要看是否有适当的保障资产，以及使用资产跟你的整个资产水平是否比较贴切，有没有过度消费或者过度节约的不良倾向。接着看整个资产中投资资产的比重有多少。如果你的投资资产比重过低，说明你之前的理财有问题；如果过高，可能说明你没有充分地把赚到的钱用于家庭保障和日常生活。

为什么要平衡好这三者之间关系？因为生活不是静态的，是一个流动的、动态的过程。使用资产考量的是你现在的生活状况，投资资产关注的是你未来的生活状况，保障资产是用于应对意外事件的发生，使你的家庭不会因为意外事件而发生重大变故。所以这三类资产分别有三个不同的功能，任何一面有偏颇，都可能导致家庭资产的失衡，最后导致家庭生活在某一个阶段发生问题。所以，我们分析自己家庭资产第一个步骤是先看这三大类资产比例是否合适。

接着，我们重点来看投资资产的组合。第一个要注意是否有适度的流动性，所有的投资资产不能都是流动性很差的资产，也不能都流动性很高。投资资产的目的是实现钱生钱，所以投资资产组合不仅要做到各方面的均衡，还要保证在你能够承受的风险范围内实现尽可能高的收益。流动性与收益性呈反相关，一旦你的资产流动性过高，相对的收益性就可能会受到影响。家庭资产流动性的最佳状态就是——你能够清楚地知道未来家庭需要大额支出的时间，让你的资产配置计划能够很好地配合这些大额支出。如果你做不到这样精确，至少尽量让你整个资产的流动性和未来大额支出的时间节点大致吻合。

在这样一个大框架下，我们再来看看基础金融资产和房地产资产的比重关系。这两者之间其实没有绝对的百分比关系，而是一个动态的范围。但一般来说，当家庭资产可投资资产部分达到几百万元，到了可以投资房地产的时候，那么房地产资产最好不要超过90%，基础金融资产至少占总资产的10%，比较适合的比例应该为30%到50%为基础金融资产，50%到70%为房地产资产。这样的一个比例关系也是主要针对可投资资产在1000万元以下的家庭。可投资资产达到1000万元以上，甚至几千万这个级别的家庭可能需要考虑一些股权投资或另类投资。即使到了这个级别，房地产资产仍然可能是大头，比如占50%左右，基础金融投资大约占20%到30%，另外的另类投资可以占20%到30%。总之，家庭资产类型不要太单一，要保持一定的流动性，还要把整个资产组合的风险控制在能够承受的范围内。

根据这个概念，在整个投资资产中，高风险的资产比例不要太高，百分之二三十为大致的极限，主流的资产还是中风险和低风险的产品。如果目前的家庭资产组合和前文分析的有差距的话，那么就要进行调整。

从我们理财的角度来看，不要基于对市场走势的判断来决定我们的投资组合的设计。比如你现在手上有几百万元的可投资资产，因为听别人说房子要跌，所以决定暂时不买房，把资产放在股市里炒，自己却租房子住。这就是基于自己对市场的判断来做资产配置，是存在问题的。要记住，做资产配置时，要基于资产本身的属性和我们自身的特征来进行匹配，千万不要轻易基于对市场未来趋势的判断来进行配置。

那么，如果整个资产全都是使用资产，没有投资资产，甚至保障资产也不足，该如何进行调整？这里有个现成的例子。

有一对小夫妻刚结婚不久，让我帮他们理财。

小夫妻："现在手上没钱。"

我："为什么没钱呢？"因为我知道这对夫妻收入不错，家庭条件也挺好。

原来，他们为了结婚在买房子时把所有的积蓄都搭了进去。

我："你们为什么买个房子把所有钱都搭进去呢？"

小夫妻："现在房子贵啊！买的房子还不是太大，花了四五百万。之前所有的积蓄，包括父母的赞助都投进这套房子！"

我："那你为什么不用贷款呢？"

小夫妻："当时觉得各方面凑一凑就能够全额买到这套房子，那就买了，就不想用贷款了。"

这里他们犯了一个极其严重的错误，不应该把手上所有的钱都拿来买房子。如果使用贷款的话，手头上还可以留200万元左右的现金。这样一来，自己有了使用资产，手头上又留有充足的现金，可以构建一个相当不错的投资组合。然而现在，他们已经全额买了房子，导致的结果就是——他的所有的资产都是使用资产，没有投资资产，保障资产也不足；整个家庭资产流动性也成问题。所以，我建议他的房子可做一个抵押贷款来获取一定的资金，如果怕还贷压力大，可以少抵押一点，贷款50万到100万元即可。因为，如果手上留有一定可投资资产，压力反而比不贷款更低。在这之前，他虽然没有贷款压力，但是万一夫妻俩的收入出现问题，他们虽然有一套房子，但生活仍然很困难。现在，尽管每个月需要还贷款，但是手上拥有50万到100万元的可投资资产，那意味着这对夫妻即使出现现金流的短期断档，也完全可以应对收入中断的变故。此外，接下来在用贷款获得的资金构建投资资产的组合时，要以流动性为核心，例如进行流动性比较好的金融投资。更直白地说，构建一个基金的投资组合即可。这样一来，他们的日常生活可以更加从容，而且家庭投资资产组合也有了一个起步的基础。

我们在家庭资产组合设计和管理过程中，要先诊断自己家庭资产有什么问题，然后有针对性地进行调整。

在资产管理的过程中，我们的资产结构会随着各类资产的市场表现发生变化。举个例子，十几年前，有一个人用200万元的资产构建了一个投资资产的组合。其中50万做金融投资，其中主要是股票投资；50万跟别人合资开一家小公司；50万做房地产投资——那时候房子很便宜，用50万做房地产投资完全没问题；还有50万用来做一些海外市场，包括外汇和海外的投资。但几年下来，这个配置发生了重大的变化。那50万的企业投资，因为企业几年后还是一个小企业，价值基本上没什么大变化，每年赚的钱主要是他自己的劳动所得，这部分赚的钱基本上用于家庭使用。而50万的股票投资，最后亏得只剩下三十几万。另外50万外汇和海外投资没有亏也没有赚。但是他的房地产投资赶上了一波大牛市，而且这些年他采取的不是简单的购买再持有的这种方式，而是不断地进行买卖操作。所以在很短的几年时间内，他的房地产投资的资金从原来的50万变成了700万。在这种情况下，是否要相应地进行调整？

维持不变。这是一种选择。

另外一种选择就是一直保持一定的比例。比如你的金融投资组合中有股票，也有债券。你最初设计的金融资产的组合中，股票占50%，债券占50%。假如碰到了大牛市，那么股票资产会实现大幅增长。而债券在短短的几年时间内增长是极其有限的。那么此时你的整个资产的组合就发生了变化，股票资产的比重慢慢大于债券资产的比重。可能早已不是50%对50%，而是80%对20%了。有一种做法是——每年将你的投资资产比例做一些调整，调整回你最初的设计。针对刚才这个例子——当你的股票赚了很多的时候，你要把股票的钱卖出一点，投到债券上，让整个金融资产股票和债券的比例再回到50%对50%。这样设计会使你的家庭财产组合更稳定。大家想一想，前一年某个市场涨了很多，那么第二年或者第三年出现调整的概率就越来越大，此时你把投在这个市场的钱卖出，去买那些之前没怎么涨的资产，很可能就正好能够把资产卖在高位，换成一个相对处于低位的资产，以规避未来市场发生调整的风险。

关于家庭资产组合设计，包括投资资产组合的设计和相应的调整，整个流程大致是这样。此外，家庭资产组合的管理是一个动态的过程，动态不意味着频繁地进行调整，一年调整一次就可以，甚至两三年一次也可以。不要隔几个月就“折腾”一下家庭资产。因为任何家庭资产的调整都是有成本的。

投资就像种树，你把钱投在一个地方之前，一定要非常慎重地选择合适的土壤、时机、气候、温度、湿度等各方面的条件。但是一旦投进去了，就不要频繁地折腾。

◎ 中国人的财富前景

理财规划是一门系统的科学。它实际上就是整合一个人的财务资源，最终达到他的财务目标。如果我们用一个数学方程来表述的话，这个方程的应变量是人生不同阶段的财务目标，自变量就是他拥有的财务资源。一个人拥有的财务资源无非就是他的收入减去支出，再利用结余进行投资而获取的投资性收入。我们要设计好自己的财务资源，以合适的收入和支出以及合适的投资组合，来实现一定的投资收益目标，最终使财务资源与我们的财务目标相等。我们将这个等式称为“个人理财的基本方程式”。

理论上说，这个方程式有一个唯一的解：你独有的个人家庭综合理财规划。

但是这个方程的解有两个边界条件，一个是内因，就是个人的情况，包括个人的消费习惯、赚钱能力、风险偏好、家庭结构等。另一个是外因，就是我们每个人所处的经济环境，更大来说是我们所处的社会生态，它不仅包括我们的金融市场、投资市场、经济状况，还包括法律环境、税收制度。这些都会对我们每一个人的理财产生重大影响。最重要的是——内在的、个人的边界条件和外部的、社会的边界条件，都不是静止不动的，而是随着时间在不断地发生变化。

一方面，个人的情况随着时间的推移会发生极大的变化，比如对风险的偏好，可能年轻的时候愿意冒更大的风险，但到了一定年龄，就不愿意冒太大风险。另外一方面，外部边界条件的变化更加频繁。不仅经济形势瞬息万变、资本市场波诡云谲，国与国之间经济的竞争、贸易的争夺、市场的开拓也都时刻在发生急剧的变化。为应对这些变化，各国政府以及相关部门不断地推出各种各样的经济政策，大到货币政策、财政政策、分配政策、税收政策，小到一个行业的行业政策、一个地区的区域发展政策。我们在中国谈论经济、投资、理财，更加离不开对宏观经济政策的关注。因为中国是小市场大政府，政府的行为涉及经济生活的方方面面，而且政府掌控的资源对我们经济生活的影响力远超过完全市场化的国家。所以大家会发现一个现象：那些财富成功的人，都会坚持看电视、新闻、关心国家大事。在有心人的眼里，宏观经济的政策、政府的导向与长期的规划能对投资理财产生极大的影响。如果能提前对相关的政策做出一些分析和预判，就能够顺应政府未来对财富管理的一些趋势和导向，从而获得财富的成功。

不过在中国，政府政策的数量实在过于庞大。如果把所有省一级、市一级的政策都分析一遍，会被完全淹没在各种各样政策和事件当中。事实上，有些政策对我们的财务所带来的影响几乎可以忽略。

引用房地产行业的一个重要观点：房价的走势短期看的是金融政策，中期看的是土地供给，但是长期影响房价趋势的最本质动力是人口。同理，各种经济政策对经济的影响只是带来短期的波动，影响经济景气与否的持久因素是内在的经济周期和经济结构，而更长期的影响因素还是人口，特别是人口结构。所以从经济来说也是如此：短期看政策，中期看经济本身的结构问题，长期看人口。如果我们不进行短期的操作，就可以忽略掉市场的短期波动。如果把注意力放在市场的长期趋势上，我们重点要分析的其实是人口结构的变动趋势。

而这一点在目前的中国显得格外重要，因为中国正处在人口结构急剧恶化的过程当中。我们的人口结构在迅速地进入老龄化。它有几大表现。第一个表现是：整个国家的人口中，老年人口的比重在迅速地增长。第二个是：国家人口的平均年龄在迅速地增长，将达到40多岁。第三个是：整个社会主流人群，即社会中人数最多的年龄段群体，他们的年龄在不断地增长。主流人群也决定了一个国家的基本风貌和性格特征。例如，20世纪60年代，中国大量的人口是青少年。因为我国在五六十年代进入了和平年代，生育率非常高，所以到了60年代后期，中国最多的人口就是青少年。在过去几十年当中，中国人的主流人群从十几岁、二十几岁，发展到现在的五六十岁，人口老龄化的趋势还在愈演愈烈。这样的人口结构变化对中国经济的影响是最本质、最长期持久的。

这样的现实背景给我们带来的结果就是，未来中国经济的增长速度可能会不断地放缓。而宏观经济的增长速度，对我们理财的影响是非常深刻的。在改革开放之后40多年的时间里，中国人的财富实现了飞跃式的增长。从2000年到2017年，短短的18年时间里，中国人的财富平均增长了十几倍。这是人类历史上一个伟大的经济奇迹。如此多人口的一个国家在这样短暂的时间里，国民财富能够增长这么多倍，这在历史上也是凤毛麟角的事件。

当然，我们真正要关心的，还是未来的财富前景。那么未来我们的财富还能实现这样的成长吗？要回答这样一个问题，就要想清楚一件事情，即改革开放以来，中国老百姓的财富实现如此巨大的快速增长，是由于两个因素在推动。第一个因素当然就是中国经济的高速增长。国家创造的财富越多，我们每个人手上拥有的财富也就越多。第二个因素就是人民币流通量的高速增加；在我们经济高速增长的同时，我们的货币发行速度也在高速地增长。

如果我们的财富不能像过去那样仍然实现快速的增长，会有什么样的表现呢？就像一个牛市，一旦没有了上升动力，一定会做一个调整，中国人的财富在接下来的一段时间将不可避免地出现调整。当然，调整以后我们会再出发。但是由于高速经济增长的时代过去了，所以哪怕中国人的财富在未来能够重拾升势，那也将是一个缓慢的螺旋式的上升过程，很难再现过去我们的财富十几年增长十几倍这样一种波澜壮阔的大牛市了。

总而言之，我对中国人未来的财富前景的基本看法是：财富快速增长的时代过去了，接下去我们的财富将会出现一波调整。当然，调整以后，中国人的财富还会再次进入新的牛市，但也一定将是一个缓慢的波浪式的上升过程。这就是我们未来所处的整体经济环境以及由此决定的中国人未来的财富前景。

理财小建议：你的资产安排一定要与你所处的宏观经济大环境保持一致。

❷ 避免通胀带来的资产缩水

影响理财方式的因素有很多，但有些影响只是局部的、短期的，如各部委出台的各种相关的行业政策；有些影响是中期的，如经济本身的运行周期，包括经济本身所处的发展阶段等；有些影响是非常深刻、长期的，比如人口增长，因为所有的经济现象都是由人的行为决定的。

前文重点分析了人口问题，即影响我们投资理财的长期趋势。接下来我们重点分析经济本身运行周期和所处的发展阶段对我们投资理财的影响。

描述一个国家或地区经济状况的指标非常多，对我们投资理财的影响也非常大。由于这些宏观经济的指标数据非常的庞杂，我们采取的方式是忽略非主流的影响因素，抓重点，抓主要矛盾。按照这样的思路，我们总结宏观经济有五个重要的指标。

第一个是经济的整体发展速度，例如 GDP 的增长率。

第二个是经济的通货膨胀率。

第三个是整个社会的无风险利率，即社会的基准利率。

第四个是货币的汇率变动状况。

第五个是国家的税收政策，比如各项税率——个人所得税率、企业的增值税率等。

这五个方面我们通常都用“率”来形容。所以这五个方面简单总结就是：五率与理财。接下来我们分别从这五个方面来分析不同宏观经济状况下我们的投资理财应该采取的应对策略。

本节中我们说说与老百姓关系最密切的通胀水平。统计局每个月都会公布宏观经济数据，其中一个最基本的数据就是通胀水平，即CPI。CPI准确来说是最终端消费品的价格变动水平。与CPI对应的还有一个概念叫PPI，是工业产成品的价格指数。

这两个指数是有区别的。举个简单的例子，如果你买一台电脑，电脑的价格上升了，就会使通胀率上升，因为电脑是一个终端消费品。但制造电脑需要有各种零件，比如塑料、铜材，即使这些塑料、钢材的价格涨了，电脑价格也不一定上涨，因为企业可以把原材料价格的上涨消化在企业内部，使得最终的电脑价格保持不变。那么描述这些为了生产最终消费品而需要用到的原材料价格的涨跌幅度就叫作PPI。

一般老百姓只关注CPI，其实从经济的角度分析PPI更加重要。因为工业原材料价格的上升，一定会传导到最终消费品的价格。但是这样的传导有个过程，所以PPI有一个重要的特征就是具有超前预测的功能。比如这个月统计局公布我们的通胀率还不高，只有2%，但是我们的PPI达到6%了，那意味着接下来几个月我们的通胀率将会越来越高。通过这个指标，我们可以提前预测未来经济的表现。

那么通胀率到底是高好还是低好？大家可能会认为通胀低一点好，否则我们手上的钱就会贬值。但实际情况是，通胀较低的时候，通常是整个经济环境比较低迷的时候，此时失业率也比较高。通胀过高当然也会有问题。当通胀率达到10%以上，就叫恶性通胀。恶性通胀对经济的危害更大，它意味着经济过热。所以对经济最好的是适度的通胀。所谓的适度，大约是在2%到5%。通胀率在5%

到10%的，我们称之为高通胀。2%以下的通胀属于低通胀，一旦我们的通胀水平是负数的话，就会产生另一种极为不好的情况，叫作通货紧缩。

通货紧缩意味着钱的价值越来越高了，也就是说我们把钱拿在手上，什么也不干，它也会变得越来越值钱。由此带来的后果是：大家既不愿意投资，也不愿意消费。一个没有投资和消费的社会，它的经济发展必将很快陷于停滞；这种情况下，大家再想赚钱也赚不到，手上的钱也不能持续增值。

我们进一步来分析，不同的通胀水平，应该采取什么样的投资理财策略。

在通货紧缩的时代，经济必将出现问题，因此紧接着很可能出现的就是股票、房产这样的资产的价格下跌，企业赚钱也越来越难。所以在这个时候一定不要拥有资产，股票、房产、企业这一类资产都要尽早地卖出，把它换成货币存着，不要做任何投资，即使投资也要投一些非常安全的固定收益产品，比如国债、高等级的企业债券、银行理财产品、货币基金、存款。而所有的非固定收益的产品，如股票、房子等都要尽量远离。对高净值人群来说，还要考虑换一些其他的货币。当你所持的货币所处区域出现了通货紧缩，也就意味着经济面临巨大困难，导致的后果就是汇率贬值。所以高净值人群要考虑换一些非本国的货币。总之，对于通货紧缩地区的经济，我们要避免参与其中。因为通货紧缩是经济最不好的状态，通货紧缩后面通常跟着的就是经济大萧条。

如上文所说，恶性通胀状态通常是经济过热的状态。这时体现出来的就是房价暴涨，股票暴涨，大家都在拼命地做各种投资，都不愿意存钱。但是当通胀已经到了这么高的水平时，通常是经济处在非常过热的最后阶段，那么这个阶段一旦跨过去，接下去就是经济萧条。所以这个时候一定不能头脑发热，跟着大家一起拼命买资产，而是应该尽快把手上已经涨了很多的资产卖掉。因为这些资产随着经济从过热到开始收缩，其价格也会出现大幅度的调整。

卖出这些资产得到的钱怎么处理？一部分可以把它换成稳定的货币，比如美元。又因为通常在这种高通胀水平下，整个社会的利率也处在比较高的状态，那么各种固定收益产品的回报会非常高。例如，企业发行债券的利息或者国债的利息都会很高。所以，另一部分资产可以买一些相对安全的高收益债券产品、银行理财产品。

大家会发现，针对通货紧缩与恶性通胀这两种状况，我们采取的策略比较相似。因为这两种情况带来的后果都是经济将会趋于萧条，资产的价格将会面临调整。

那么在通胀达到5%～8%左右时，我们该如何处理？通常在这样的通胀水平下，经济一定已经非常热，还处于高位运行的状态。此时，如果你把那些非固定收益的资产股票、房产都卖出的话，可能会卖得过早。这个时候通常处于牛市的中后期，还没到晚期，接下来还有很大的上升空间。所以你手上的资产仍然可以持有，但要开始留心，随时准备出货。至少在这个阶段不应该再增持非固定收益资产，因为此时你再进去，很可能正好接了别人的最后一棒。这时候的基本策略是开始逐渐减持手上的非固定收益类资产。

当通胀率处在2%以下，但是还没有到通货紧缩状态，也就是处在低通胀的阶段时，我们该如何做投资理财？这个时候通常经济比较稳定但成长也比较缓慢，利率也比较低，而且一般来说资产的价格也不会太高。因为经济不热，所以股票、房子不会炒得很热。这个时候就可以开始逐渐增持股票房产等非固定收益资产，并减少固定收益的资产。

因为当利率处在较低水平的时候，未来利率很有可能会上升。那么一旦利率上升，固定收益的理财产品的价格就会受损。所以在低利率的阶段，我们应该逐渐减持固定收益理财产品，增持非固定收益理财产品。尽管此时股票、房子还不热，但恰恰这个时候就是抄底的好时候。

经济最好的状态，就是通胀水平适度，达到2%到5%的时候。通常此时经济非常稳定，既不过热也不过冷，且会逐渐走向繁荣。利率水平这时候也不高，所以在这个阶段应该大量持有非固定收益类资产，主要为股票、房产、企业这三大类。因为在经济运行非常良好的前提下，这类资产一定会有一个大的升幅。另外我们要减少持有固定收益类资产，特别是尽量不要存钱。

有人认为，通胀一高，我们就要多囤积日用品。哪怕处在高通胀阶段，我个人也不建议买大量的东西囤积在家里。这种囤积货物的理财方式是小农经济时代的思维模式，已然过时。只有一种情况需要买大量东西囤积，就是社会出现动荡，经济面临崩溃，出现20%以上的恶性通胀时。以中国目前的情况来看，我们基本上不需要考虑极端恶性通货膨胀的情况。此外，随着中国经济的体量越来越大，中国经济越来越融入全球的市场经济体系。像我们过去会出现的百分之十几的恶性通胀的情况也越来越少见，以后出现5%以上高通胀的情况可能都比较少见了。

理财小建议：通货膨胀是经济的一个重要指标，不能仅理解为物价的变化，更是经济未来趋势的风向标。

❸ 利率变动下如何打理家庭资产?

上文提到，社会基准利率水平是宏观经济政策的一个重要指标。在诸多宏观经济政策中，对个人理财影响最大的是货币政策，货币政策里最有力的工具就是通过调节基准利率来调控经济。所以，市场的基准利率水平，很大程度上反映了政府对经济的看法和调控的态度。

调控的逻辑也非常简单：在经济不太好的时候，应把利率调低，刺激大家来投资、融资，增加整个市场的货币供应量，从而实现刺激经济的作用；升息则是收缩、从紧的货币政策，通过调升利率来降低市场融资的欲望，因为利率越高，越多的人会选择放弃融资，从而降低市场的货币量。

政府在调整利率水平时，除了考虑宏观经济景气与否以外，还会考虑通货膨胀水平。如果通胀率比较高，利率水平也要相应高一点，否则会出现负利率的情况。如果负利率长期存在，无疑对经济是一种严重的扭曲。

影响利率调节的一个重要因素是汇率，当央行在制定货币政策的时候，除了要考虑宏观经济的表现以外，还要维护货币的稳定。影响货币稳定的因素一个是通货膨胀，因为它决定了货币的购买力能不能稳定；另一个是汇率，它决定了本币与另一种货币的交换是否稳定。

通常在汇率走低的时候，为了提振本国的货币，央行需要通过升息来增加本币的吸引力。提高利率无疑提高了本币的吸引力，使更多人愿意把资产换成相应的货币，此时货币获得了更多的市场购买，它的汇率就会更坚挺。这就是如何通过升息提振一个国家货币汇率的逻辑。

实际上利率水平的高低，与经济的各方面因素都有关系。尤其是利率的变化趋势对我们投资理财的影响更大。一个基本的思维模式是，在利率上升的趋势下，固定收益的理财产品，比如债券、信托、票据、银行理财产品等，它们的价值会下降。因为随着利率的上升，未来人们可以买到收益更高的产品，那么当前利率水平较低的固定收益理财产品的吸引力就会下降，会遭到市场的抛售，它的市场价格也会大跌。

所以，当我们判断未来利率会不断上升的时候，一定要减少持有固定收益理财产品，尤其是长期的固定收益理财产品。反之，如果判断未来利率会下降，我们就应该多买一些固定收益理财产品，尤其是长期的固定收益的理财产品。因为未来随着利率的下降，目前这样高收益的固定收益理财产品将越来越少。之后，我们购买的这些固定收益理财产品在市场上就会变得极其具有吸引力，它的市场价格就会相应地上升。

通常利率在4%到5%这样的水平，属于中等的利率水平。如果利率水平超过5%，那就属于高利率。如果利率水平低于4%，那就属于低利率。如果一个国家的利率达到百分之十几、百分之二十几的话，那么这个国家的货币一定面临巨大的风险。通常只有一个国家的货币出现严重危机，才会把这个国家的利率推到非常高的水平。比如，阿根廷的货币利率就曾经达到了40%。这样的水平反映出当时阿根廷已经出现了严重的金融危机。

不同的利率水平对我们的资产的影响也非常大。通常在低利率水平下，如果我们不考虑未来变动趋势或者未来变动趋势还不明朗，我们应该减少持有固定收益的理财产品，而大量持有非固定收益的理财产品。因为低利率水平意味着固定收益理财产品的收益也较低，一个较低的利率水平意味着国家正在实行刺激经济的政策。那么，过多的货币推出和政府的刺激政策会使这个国家的相关的资产，比如股票资产、房地产资产等的收益上涨。尤其是房地产资产，因为买房子通常需要贷款，按揭贷款的利率就是严格跟随基准利率水平来确定的，所以当利率比较低的时候，贷款的成本就比较低，大家就有更大的意愿去买房子。那么这个时候房地产市场往往将会进入一个大牛市。

进入21世纪以来，中国的房地产市场出现了一轮波澜壮阔的大牛市，在不到20年的时间里，整个国家的房地产价格平均增长近10倍。其中一个非常重要的影响因素就是在过去这段时间里，中国一直处在一个低利率的水平。在这段时间，一年期的银行存款利息一般不到2%，而这个利率大约就是社会的基准利率的水平。当然这期间也有过升息和降息，但是总的来说都是在低利率水平徘徊。正是这样一个长期的低利率水平极大地刺激了房地产市场，成为推升房地产市场的一个重要因素。

如果利率处在8%～10%这样的高水平，则意味着国家的经济过热，政府要进行宏观调控，货币政策将开始收缩。在这样的背景下，我们应该减少持有非固定收益的产品，如股票、房产。这类产品在高利率水平下都有非常大的下降动力，一定要抛出这一类资产，而转而购买固定收益的理财产品。

一方面，固定收益的理财产品相对安全；另一方面，市场面临转折节点的时候非固定收益资产会有很大的风险，此时把你的资产放在相对安全的地方可以规避这个风险。同时因为利率水平比较高，基准利率又决定了各种各样的投资理财产品的收益率也相应会比较高，那么持有这些固定收益的理财产品无疑是一个不错的投资选择。所以在高利率水平时，我们要尽量把资产从非固定收益的产品转到固定收益的投资理财产品上。

当利率在4%、5%这样一个中等利率水平时，未来经济走势就比较难判断。在这个水平的利率不高不低，未来走势也相对不那么明确。在这样一个中等的利率水平下，我们的资产配置就应该比较均衡：非固定收益类的理财产品，如股票、房产，都需要持有；固定收益类的理财产品，也应该持有一些。直到利率走势发生了比较明确的信号，会上升或者下降的时候，再做出相应的调整。

这就是利率对我们个人投资理财的影响，以及我们的应对之策。但对未来利率趋势的判断很难。比如，以中国现在的利率水平如何判断未来会升息还是降息？虽然美元的升息使得人民币有一个非常大的升息动力，但另一方面目前中国经济的运行又面临诸多困难，经济增速在不断放缓，那么为了刺激经济，我们又需要降息。

例如在2018年的下半年，尽管短期内经济会面临压力（包括中美贸易摩擦对经济增长的影响），我们可能需要相对宽松一点的货币政策。但从大的趋势上看，因为美元进入了收缩的周期，美国不仅升息，还退出了量化宽松并采取减少资产负债表规模的手段，这表明美元进入了收缩的阶段。美元的收缩，意味着美元将会走强。那么不断走强的美元必然对人民币的汇率产生影响，反过来又迫使人民币的利率跟随美元不断升息的步伐逐渐抬升。

在分析宏观经济来调节自身投资组合的时候，一件最重要的事情就是分析利率的趋势。但是，我们对于利率趋势的判断有时候很明确，更多的时候仍很迷茫。就算判断非常明确，它具体的步伐也很难判断。比如我们都知道美元目前还处在上升的周期，但它具体什么时候调升，升息多少个点，仍是市场中永恒的谜题。因为在理论上如果你能准确地预判利率的走势，那么在投资组合的调整上就会抢得先机。

理财小建议：资产的价格正比于资产的收益，反比于市场利率，所以市场利率趋势是投资组合调整的最重要指标。

❹ 人民币贬值，拿什么拯救家庭财富？

在人民币汇率逐渐由市场决定的趋势下，人民币汇率必将越来越真实地反映中国的经济以及人民币的实际购买力。此外，它对个人理财的影响也越来越符合市场的逻辑。人民币汇率主要有两种。

一种是人民币对美元的汇率，因为美元是世界上最主流的一种货币。当然，人民币对美元的汇率，除了与人民币本身的购买力大小，还与美元的货币政策有非常直接的关系。

另外一种是人民币对整个一揽子货币（所谓一揽子货币就包括了美元、英镑、欧元、日元等这些主流货币的组合）的平均汇率水平。它反映的是人民币在全球范围内实际购买力的变动情况。

首先，我们来回顾一下人民币汇率的变动走势。

在改革开放之初，人民币对美元的汇率是由官方锁定的。那个时候人民币很贵，1979 年大概 1.7 元人民币就可以换 1 美元。但这样的汇率显然是被扭曲的，也没有人愿意用 1 美元来换 1.7 元人民币，所以当时国内的外汇极为稀缺。

改革开放之后，我们越来越需要来自世界各地的商品、技术、生产线、设备等，这都需要大量的外汇来支持。所以这个时候国家开始强制性地让人民币贬值。然而，当时在中国没有一个官方的渠道可以买到美金。这就滋生了巨大的外汇黑市市场，老百姓在外汇黑市上买卖美元。在人民币贬值最厉害，汇率最低的时候，甚至需要十几元人民币才能换一美元。

随着改革开放的不断深化，中国经济在不断地好转，也赚来了越来越多的外汇，人民币的汇率趋势发生了逆转。尽管多年以来，官方的汇率一直保持在8到9元人民币兑1美元的水平，但是由于20世纪90年代经济的高速增长，同时国内人民币的购买力还在上升，所以人民币的购买力到21世纪初的时候实际上被大大地低估了。比如，在1995年，虽然汇率是大概8.4元人民币换1美元，但实际上8.4元人民币能够买到的东西是远超过1美元能买到的。

所以到了21世纪初，人民币升值的压力越来越大。在2005年，人民币的汇率形成机制终于进行了重大的调整。以往人民币是紧盯着美元的，官方牌价一直是8.4元左右换1美元，这种紧盯美元的汇率政策叫"联系汇率制度"。这种制度适用于于小国家或者小地区的货币。比如20世纪90年代，中国经济总量还很小的时候就可以紧盯美元。再比如中国的香港，一直到现在港币还是在盯着美元。但是一个大国的货币一直和另外一个货币连在一起，不符合市场经济的原则，也不符合市场化的货币价格形成机制——"浮动汇率制"，也就是由市场来决定汇率水平。此外，2001年中国加入了WTO，在WTO的框架下，人民币的汇率就不可以再紧盯美元，必须采取市场化的汇率形成机制。所以到了2005年，人民币汇率价格形成机制终于放开，人民币对美元汇率在当天就从最初的8.3调到了8.1。从那之后，人民币进入了一个10年的升值过程。

在这10年当中，人民币对美元的汇率在不断地上升，但人民币在国内却出现了大幅的贬值，这是一个极其特殊的现象。通常一个国家的货币如果大幅通胀，即购买力下降的时候，它的汇率一定也应该贬值。反过来，如果它的购买力非常坚挺，那么它的汇率也该上升。但是，在2005年到2015年的10年当中，人民币对外升值，对内贬值，在同时向两个方面释放压力的状况下，使得人民币的汇率从

2005 年明显地被严重低估，到 2015 年评估基本达到实际水平。到了 2015 年，大约 6 元人民币换 1 美元，这个时候的 6 元人民币买到的东西和 1 美元能够买到的东西基本差不多。总体来说，6 元人民币换一美元的汇率是一个比较均衡的水平。

这个水平意味着人民币在未来的发展方向不再被之前的扭曲汇率影响；它的汇率将由市场本身的情况来决定。影响汇率的因素有多种。

首先，一个国家货币的汇率很大程度上取决于这个国家的经济状况；经济越好，它的货币就越坚挺。第二个因素就是利率水平，在其他条件差不多的情况下，如果一个货币的利率明显高过另外一个货币，人们自然愿意把钱都换成高利率的货币以获得更高的收益；对这个货币的市场需求量大，那么这个货币相对另外一个货币就比较坚挺。经济规律很简单，需求大，当然它的价格就会上升。所谓汇率其实就是一个国家货币的价格，所以影响汇率的第二个因素就是利率水平。第三个因素是国家的稳定——这当然是一个非常特殊的情况——一个国家一旦出现了动荡，它的货币很可能会出现巨幅的贬值。但是从长期来看，通货膨胀水平，即货币的实际购买力，将是决定这个货币汇率的最内在的本质因素。

国家的货币政策或市场的操作对汇率有没有影响？当然有，但是这种影响往往是短期的，最核心的影响因素还是通货膨胀水平、利率水平、经济增长率、经济景气水平。

自 2015 年以来，人民币又开始贬值，对美元汇率从 6 元贬到接近 7 元。这样的贬值是对中国经济增长减速这一背景的自然反应，还有另外一个因素就是美元开始升息。从 2017 年开始，人民币汇率又有所反弹。一方面是国家为了稳定人民币汇率而做的一些政策性引导，比如限制外汇的出境；另一方面，在国际市场上通过自身大量的美元储备来抛售美元，买入人民币，制造人民币短缺的市场现象，以此来稳定人民币汇率。通过这一系列操作后，自2017年到2018年，人民币对美元汇率一直相对稳定在6.5元到7元。

那么未来人民币汇率会如何走向？人民币汇率今后肯定有涨有跌，但总体趋势为人民币对美元的汇率今后将会承受比较大的压力。这个判断的一个核心依据是美元在持续地升息。人民币尽管也有跟随升息的需要，但国内经济下行压力使得我们升息的步伐极其犹豫，货币政策仍长期保持中性稳健。我们的货币政策明显与美国不一样，美国是非常收缩的货币政策，一个收缩的美元货币政策意味着美元日渐稀缺，它的价格也会相应地上升。

另外一方面，美国经济这几年复苏得非常好。中国经济尽管现在的绝对增长速度比美国快很多，但是各种内在的矛盾，特别是人口问题、中等收入问题，以及债务问题都在不断地显现，使得中国经济面临较大的向下压力。

综合这几个方面，假设我们判断未来人民币汇率总体是趋跌的，那么在这个背景下，我们该如何理财？

适度地持有一些非人民币资产是理财中的一个重要原则。但需要补充说明的是：尽管未来人民币汇率对美元承压可能比较明显，贬值的概率比较大，但是人民币汇率并不会出现崩溃性的下跌。因为目前人民币已经是全球最重要的五大货币之一，它的汇率总的来说可以保持在相对稳定的水平上。哪怕未来有贬值的压力，也只是适度的贬值，20%左右的上下波动是一个主流货币的基本运行规则。只要这个国家的经济不出现崩溃性的问题，其货币汇率也就基本稳定在一个正常的区间。所以我们在理财时也不必恐慌，更不需要把大部分资产都换成非人民币资产。

面对人民币贬值的压力，除了适当持有一些非人民币资产以外，还可以考虑投资那些因人民币贬值而受益的行业或企业，比如出口外向型的企业。反之，如果某个行业的原材料需要进口，那么在人民币贬值的背景下，投资这个行业就会比较吃亏。比如，航空业主要的原料就是石油，而石油的价格以美元计价。随着美元对人民币升值，用人民币去买石油、买燃油就会比较贵，这对航空业无疑是一个负面的影响。所以，一旦我们对汇率的变动趋势有了基本判断后，对汇率趋势下各行各业的受益或受损就有了一个基本判断。相应地，我们的投资选择就会有的放矢。

理财小建议：对高净值人群，适度持有一些非人民币资产是必要的。

❺ 市场繁荣度决定你的理财方式

衡量经济景气与否的指标很多。第一个指标，也是最基本的指标，是 GDP 的增长率。第二个重要的指标是失业率。第三个指标是生产价格指数（PPI），即衡量工业产成品价格的指数。第四项重要的指标是新房的开工率。如果新房的开工数量激增，说明经济开始复苏，反之则说明经济就不太好。第五个比较直接反映经济情况的指标叫作采购经理指数（PMI）。经济处在上行区间还是下行区间，一般就用 PMI 指数来衡量。如果 PMI 在 50 以下，那么经济处于收缩期；PMI 在 50 以上，则处于扩张期。

通常，国家会通过货币政策、财政政策等宏观政策的调控来降低市场的波动。比如在经济收缩下行期间，国家一般会采取宽松的货币政策和财政政策来刺激经济。如果经济处在过热的阶段，国家就采取收缩的货币政策和财政政策来约束经济，使其不过快地发展。因为经济过快增长带来的后果是经济过热，出现硬着陆，引发经济危机。这是一套宏观经济运行的主要指标和它基本的逻辑。

市场经济的一个重要特点是其周期性的变化。经济周期通常分成四个阶段：复苏、繁荣、衰退、萧条。进一步简化后，它又可分为两个阶段，一个是经济快速增长的繁荣阶段，另一个就是经济萧条的阶段，经济增长非常缓慢，甚至停滞。

抛开这些不谈，我们需要考虑的是在宏观经济这四个不同的阶段中，如何调节家庭资产的结构。

在经济周期的四个阶段中，经济复苏期的最初阶段是前一个周期的最低点，生产的产出和价格均处于最低水平。但是随着经济的复苏,生产逐渐恢复,需求不断增长,价格也开始逐步回升。这个阶段持续一段时间后,经济就进入了繁荣期。繁荣期是经济发展的高峰期,投资需求和消费需求不断扩张,超出了产出的增长,就会刺激价格上涨到较高的水平。此外,这个阶段各类资产的价格也出现较快的上升。通常,这样的一个繁荣期之后经济会进入衰退阶段。衰退期出现在经济繁荣期过后,此时经济开始滑坡,需求萎缩,供给大大超过需求,价格迅速下跌。这个价格不光是生产的价格,还包括资产的价格。经济在衰退一段时间以后,会进入萧条期。这个阶段是经济周期的谷底,供给和需求均处在较低水平,价格停止下跌,处于低水平。

经济的复苏期开始于前一个周期的最低点,因为复苏期之前各类资产的价格都比较低。而且通常在这个时候,政府为了刺激经济的复苏,可能实行较低的利率和较宽松的货币政策。此时应增加家庭资产当中非固定收益类资产的比重。无论是股票、房产、企业资产,此时都可以较优惠的价格买到,并且预计未来这些资产的价格会有比较大的上升。另外,由于利率较低,固定收益类的产品收益比较低,所以不应该买入此类产品。

到了第二个阶段,即繁荣期的时候,各类资产的价格上涨很多。大部分人可能在这个时候才意识到:投资的好时候来了!但是在这个阶段,真正的投资高手反而会变得谨慎。原因很简单。首先各类资产的价格已经涨得比较高。其次,这时候经济开始过热,国家必然开始收缩货币、信贷,采取比较从紧的货币政策和财政政策。整个市场的资金会开始因为政策的调整变得稀缺。相应地,各类资产的价格风险在不断地累积。专业的投资者在经济的复苏阶段就开始购买资产,到了繁荣阶段可能就会逐渐地降低非固定收益类资产的比重,增加固定收益资产的比重。在这个时候，由于货币政策的收缩、利率的上升，固定收益类产品的回报通常也开始提高。所以在经济的繁荣期，我们恰恰应该逐渐减少股票、房产、企业等非固定收益资产的投资，增加固定收益的投资。

在这个过程当中最难把控的是时间节点，因为经济的繁荣期可能会持续比较长的时间，如果你退出得过早，可能就会错过资产上升最快的时期。我们经常说"高手投资者吃鱼不能从头吃到尾"，但是如果你在中间就退出的话，就可惜了。比如，2004 年到 2005 年，中国股市处在最低迷的阶段，上证指数只有 1000 点多一点，很多人这个时候就进入股市，却在股市涨到 1800 点，赚了个百分之几十后，就退出了。之后股市继续往上涨，从 1800 点涨到 3000 点，他们忍住不买，觉得肯定要跌下来。等股市涨到 6000 点的时候，因为不想失去最后暴利的机会，他们又把钱投进了股市，然后撞上了一轮暴跌，不仅把自己之前赚的钱都吐了回去，甚至损失了本金，这就是退出过早带来的后果。

所以在经济繁荣阶段，我们要做的就是逐渐地减持风险类资产，去买一些固定收益类资产。这个节奏该如何把握呢？一个诀窍就是：当股市里还有很多人心有余悸，不敢投资的时候不用担心，但是当所有人都觉得可以投资股市的时候要开始考虑逐渐退出。这种心理的指标说起来简单，真正要做到很难。此时有一个重要的指标是国家的宏观调控政策是否严厉。如果国家宏观经济收缩的政策已经比较强烈，那么就要小心。前文在谈到利率对房地产市场的影响时提到，如果我们国家的基准利率调到 5%以上，甚至远远高于 5%的时候，就要卖出房产资产。当处在低利率阶段，或者是中等利率阶段，即利率还在 5%以下的时候，房地产市场一般没有太大问题。升息对股票类资产和房产类资产都不利，而且房产类资产对利率会更加敏感。

当经济开始衰退的时候，就应该坚决杜绝持有风险类资产。正确的做法是在繁荣期的后期就逐渐减少风险类资产。其实经济的繁荣期和衰退期不会有明显的界线，所以在实际的操作过程中，专业的投资者通常在繁荣期的后期会选择一些防守性的、周期性不明显的行业，比如公用事业、医疗等。这些行业受周期性变动影响不大，甚至有些是反周期的，比如电影的票房就是反经济周期的。那么在经济不好的时候，我们就可以把资产投在这样一些弱周期或者是反周期的行业里，来规避市场波动带来的不良影响。周期性的行业，如钢铁、煤炭、能源、房产等，在经济好的时候价格暴涨，收益很高，一旦经济不好，价格就会大幅下跌。拿房地产来说，在繁荣后期到衰退阶段，可以将追求价格上涨性的房产资产转为获取租金收益的房地产资产。因为租金收益受经济周期变化的影响要小一些。商铺跟经济周期的关系还是比较密切的，而住宅的周期与经济周期关系更不明显。所以从经济繁荣期到衰退期的转换过程中，我们调整资产结构不能完全依靠减持的方式，还要选择不同类型的资产来规避周期波动对手上资产的影响。

在经济繁荣期的最后阶段，作为一个专业的投资者，应该尽量卖出包括股票、房产、企业资产在内的非固定收益类资产，将其转为安全的固定收益类资产。原因在于，这样做首先可以回避风险，其次由于这个时候利率通常较高，可以把经济繁荣期赚到的钱转换成高收益的金融资产来获取稳定的高收益。

等到了衰退期，就要小心那些固定收益类的资产。因为随着经济的恶化，很多企业会撑不下去，违约情况随之增加。这个时候我们要把资产放在更加安全的地方，哪怕损失一些利息。

进入萧条期时，通胀很低，利率也开始逐渐下降到很低的水平。此时，一定要记住一句话，叫作“现金为王”。自己拿着钱，或将其转化为低收益的资产，以安全为第一要务。但是在这个阶段，不能只是简单地回避风险。一些嗅觉敏感的投资者在这个时候已经开始搜寻“猎物”了，因为各种风险类的资产经过衰退期和萧条期的下跌，已经非常便宜。而且通常这个时候国家会采取宽松的货币政策和财政政策来刺激经济，使市场的资金开始逐渐充裕起来。在萧条期的后半阶段，不能单纯地防守，而应该开始主动地寻求一些被严重低估的、被前一轮熊市错杀的资产，提前布局。尽管这时候的经济还没有真正好转，但是整个市场已经处于底部，提前“埋伏”进去才能购买到真正廉价的优质资产。

由此可见，如果能在一轮经济周期的四个不同阶段正确处理手上的资产，那么资产一定会出现巨大的增长。但在此过程中有一个非常重要的原则：对经济周期波动的时间节点有相对精确的把握。比如虽然在萧条期可以开始逐渐布局一些风险类资产，但是如果时间节点把握得不好早早地进入，或因为市场尚没有真正到达底部，或因为市场虽然已经到了底部，但还有几年的徘徊期，那么这个过程就可能会浪费货币的时间价值。总之，把握市场的节拍极其重要。真正的投资高手一定会时刻关注宏观经济的形势，对宏观经济的各类指标进行深入的分析，由此把握住经济周期的变动，顺应经济周期的变动，做出相应的投资决策，这也是一个优秀的投资者必须具备的重要素质。

我们普通人可能做不到如此专业的分析，但是我们至少要学会听懂那些专业人士的话，按照专业人士对市场的分析来做出自己个人理财的决策。

理财小建议：顺应经济趋势的变化，顺势而为才是理财的最高境界。

❻ 灵活应对税收变化

◎ 巧妙安排税收

税收是我们一辈子都绕不开的一个话题。西方有句谚语说:“人的一生有两件事情永远也躲不掉:一个是死亡,另外一个就是税收。”所以如何安排好相关的税收问题,是我们家庭理财的一个重要内容。

税收可以看作是民众与政府之间签订的一个契约。民众将自己创造的财富汇聚起来,按照相关的准则交给政府,由政府来支配这些财富,用以保卫国家和平,维护社会安宁,提供教育、医疗、环保等社会服务,以及实现其他相应的社会功能。

中国的税收制度有以下特点:

第一,税收制度严格,且税率较高,但在执行的时候又比较灵活,存在变通的余地。

很多人觉得税收规划在家庭理财规划中无足轻重,甚至有人觉得所谓的税收规划就是学会如何偷税漏税,这是一种严重的误解。其实税收规划是教大家如何提前安排好自己的财务资源,从而实现税后收益的最大化。在做一项投资理财时,你要思考这项投资在合法纳税后,是否能有合理的回报。所谓的税收规划,就是在守法的前提下,实现税后财富的最大化。

第二，政府征收的所有税收最终都来自老百姓，但征收方式主要是通过对公司等机构征税，直接向个人征收的情况则比较少。

事实上，国家本身是不创造财富的，其拥有的所有财富都来自公民。大部分中产阶层的税收都由公司或者相应的机构代缴。比如，你的个税是由单位从你的工资收入中扣除代缴的。你在银行存款产生的利息也要交利息税，这部分税费则由银行扣除代缴。

但是，未来的税收将越来越趋向于直接向终端纳税人收税，而我们面临的税收问题也会越来越多。比如，现在社会上有人关心的遗产税和房产税，都与我们的财富管理息息相关。

基于前文中提到的税收的两大特点，可以总结出未来中国两个税收的趋势：

第一，未来可能会出现各种涉及降低税赋、税制调整的改革。同时，对税收的监管力度将会越来越严，对于偷税漏税行为的处罚也将越来越重，所以大家要学会提前做好税收规划。

第二，可能在不远的将来，我们每一个个人或者家庭在每年都要进行纳税申报，就像市场经济比较成熟的国家现在一直在做的那样。既然趋势已经形成，那么我们要做的就是提前做好准备，以正确的态度迎接税收方面的变化。

◎ 税收变化了，怎么调整资产配置？

在前几章中，我们讲到的经济景气度、通货膨胀、利率与汇率对个人理财的影响。这几个方面更多的是经济本身的表现，而只有与税收的相关政策才是完全由国家的法律法规制定出来的。其实税收的政策可以归到财政政策这一大类中。

减税可以有效地刺激经济,所以减税政策可以归为宽松财政政策的表现。但一个国家的税收制度也有相应的稳定性需求,不能随着经济周期的变化不断地调节。总的来说,税收政策作为宏观调控政策的重要方面,对个人理财的影响更加直接。因为我们真正赚到的钱一定是税后的,而税后收益的多少,无疑跟税率直接相关。此外,税收对我们具有全方位的影响。我们的劳动性收入、消费、各类资产的价格都会受到税收的影响。

就拿曾经引起热议的房地产税来说,它一旦出台,无疑会对我们的房地产市场产生重大的影响。另外,股市投资中有一个税叫证券投资收益所得税。如果你持有的股票给你分红,那么你获得的分红收入是要交税的。

从这样一个制度设计来看,中国的上市公司如果为投资者考虑,应该少分红。因为你不分红,钱放在企业里,企业的价值就会上升。如果把企业的钱分了,不仅企业的价值会下降,你分到的钱也有一部分要交税。

可能有人会问:一家公司不分红还能叫上市公司吗?其实过度分红的公司未必是好公司。一家企业赚到现金就分给大家,这可能意味着这家企业目前没有太多可发展的空间,也没有多少研发需要投入。举个例子,在20世纪的最后20年里,美国资本市场有一个超级大牛股叫作微软。它在上市后的前20多年里从不分红,但是所有的微软投资者都获得了极为丰厚的回报,因为它们的股价长期以来在一直在高速攀升。自21世纪以来,微软开始分红。虽然它仍是一家不错的公司,但其股价一直趋于平稳,再也没有创出历史新高,可见其成长空间已经不如以往。原因很简单,因为它已经没有新的创造性市场、研发和产品需要投资。

再说回税收。曾经大家都认为如果开征房产税,中国的房价就一定会跌,其实未必如此。如果一种产品具有足够的竞争性,即使政府对相关企业征税,企业也可以直接把税收成本转嫁给消费者。这样一来，增加税收恰恰会导致相应商品的价格更高。

所以，有些学者希望政府通过对房地产企业征收税收来抑制房价，这是不现实的。对房地产企业的各种附加成本的征收，可能恰恰是导致房价变得更高的原因。但是，有些税收制度的改革无疑对个人理财是有利的，比如提高个人所得税的免税额，就相当于降低了个人所得税，无疑将会给老百姓带来更大的好处。

也有人会认为，降低了税收，国家手上钱少了，对经济不利。其实恰恰相反，国家减少税收对经济是一个很大的利好，甚至可以通过减税的方式增加税收。政府减税，虽然降低了税率，但可以刺激经济的成长，那么国家整体税收未必降低。经济学家阿瑟·拉弗将政府的税收收入与税率之间的关系描述为“拉弗曲线”（见图1-1）。这个曲线是一条向上鼓的抛物线，抛物线最高点对应的税率叫最优税率，即可使国家税收收入最高的税率。高于或低于这个税率，都可能导致税收收入的减少。

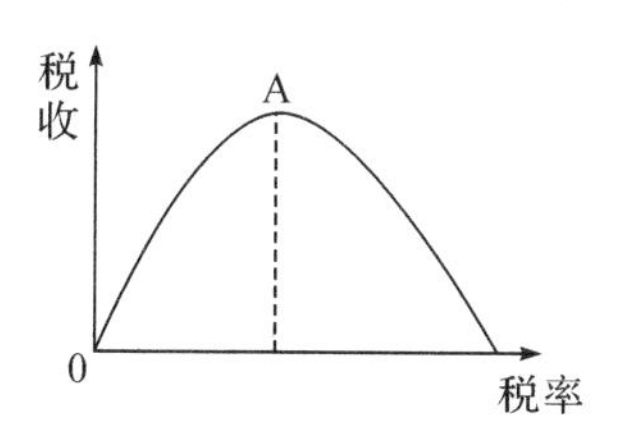

图 1-1 拉弗曲线

接下来给大家简单分析四个与我们个人理财相关的税种。

第一是房产税。尽管征收房产税未必一定导致房价的下跌，但也无疑是对房地产市场的一个巨大打击。中国的房地产市场的一个重要特征是，一些人持有大量空置的房源，自己不用，也不出租。这在成熟的市场经济国家几乎不可能看到。因为这些国家要收取房产税，如果房产空置却要产生税收，那么无疑是划不来的。中国就是因为没有征收房产税，才出现一些人大量持有空置房源。一旦开征房产税，这些人无疑会大量往外抛售房产，从而对市场产生巨大的冲击。

中国何时开征房产税？以什么方式开征？是全面铺开还是逐渐试点？这都是未定之数。但是房产税进入中国老百姓日常生活的进程无疑已经进入了倒计时。如果你名下只有一套自住的房子，那么影响并不大，但房产税对那些拥有多套房产的人来说是需要重点关注的一项内容。

第二个是个人所得税。中国经济日渐依赖于通过居民消费来拉动增长。要鼓励居民消费，则要让老百姓挣到的钱更多地留在自己手里。即使降低个人所得税税率，国家整体税收最后也未必下降。由于减税带来的消费畅旺，使国家得以从商业的机构、生产的企业那里获得额外的税收补偿。所以降低个人所得税于国于民都有利。2018 年 10 月开始，我们的个税起征点就从 3500 元提高到了 5000 元，而且提供了一系列的税收减免措施，这无疑是经济下行背景下国家出台的一项正确举措，即刺激经济，又让利于民。

第三个是遗产税。中国目前没有遗产税，但很多人认为应该开征遗产税。他们希望通过征收遗产税的方式来缩小贫富差距，因为税收的一个最基本的特征就是有钱的人需要交更多的税。举例来说，如果一个富人的财产是另一个普通人的 10 倍，那么他交的税就可能是普通人的 20 倍甚至 30 倍。按照这样的逻辑，遗产税的开征无疑可以缩小社会的贫富差距。但另外一方面，现在很多征收遗产税的国家纷纷在取消遗产税，因为富人们更愿意到那些不征收遗产税的国家去生活。

如果富人都离开了，那么给这个国家带来的后果一定不是使整个社会变平均，而是使整个社会变得更加贫困。所以，遗产税的开征一定要慎重。

从逻辑上来分析，开征遗产税可能对保险产品是一个巨大的利好，因为保险产品先天可以规避遗产税。比如，我有100万元留给孩子，如果开征遗产税，有的国家遗产税税率已达到50%，儿子只能拿到50万。但是如果我用这100万买一个保险产品，让孩子作为保险的受益人，这样的财富传承方式就可以规避遗产税。一些遗产信托也能够起到这样的功能。通过设立一个遗产信托，让孩子成为这个信托的受益人，每年拿信托产生的收益。可能这个收入会少很多，假设一年只有5万元钱，但这5万元产生的税费也会低很多。这也是一个避税的重要方式。

第四个税种就是资本利得税。现在中国对个人投资者在股票交易中差价赚到的钱不收税，这对投资股市是一个重大的利好。一旦全面开征股市的资本利得税，对中国股市将是一个巨大的利空。事实上在20世纪后期，中国台湾的股市有一轮大牛市，从1千多点涨到1万多点。接着当地政府开始征收资本利得税，带来的后果就是整个股市连续无量跌停，从1万多点一下子又回到了3000点以下。可以想象这样的政策对市场的影响有多大。

接下来国家在税收制度上可能有几个重要的改变：第一个是今后对企业的税收会不断地降低，终端纳税人的税收会不断地增加。国家的税收向终端纳税人倾斜这是一个大的趋势。第二个就是国家的各类税种覆盖面会越来越宽。比如前面提到的房产税、股市的资本利得税、遗产税等，今后可能会进入我们的日常生活。第三个重大的改变，就是加强税收的征收工作。对于那些不按照国家的法律规定纳税的行为，将会加大惩罚力度。这是中国完善税收制度建设的一个重要内容。

税收是一个很大的话题，涉及面非常广。作为普通投资者，当社会媒体在讨论某项税收的时候，大家要关注一些专业人士的分析，了解这项税收会对你的收入以及手上的资产产生什么影响，然后提前做好应对准备。

理财小建议：依法纳税是每个公民的义务，合法避税是每个公民的权利。

第七章
风险管理:给你家的财富上个保险

❶ 家庭理财会遇到哪些“坑”?

接下来要讨论的一个话题是风险管理。

风险,从定义上来说就是不确定性,或未来遭受损失的可能性。从个人财务的角度来看,风险主要有两类:一类是身外之物面临的风险,如房子贬值、股票下跌、家里遭遇盗窃、银行卡被盗刷等。这类我们拥有的财富可能会遭遇的风险,称为市场风险。另一类就是我们自身面临的风险,比如生病、失业等,这类风险被称为人身风险。

对于我们遇到的各种各样的意外,可以通过保险的方式来获得一定的财务补偿。不过,保险无法降低我们人生各种意外出现的概率,它唯一能起到的作用是,当这些意外发生的时候我们能获得一定的财务补偿。

进一步细分风险，又可以将其归为收入风险，意外支出风险，投资过程中的市场风险、法律风险、购买力风险、流动性风险和债务风险，以及婚姻风险和各种意外的风险等。

那么，面对这么多风险，我们该如何进行管理呢？

此处，我强调的是“管理”，而不是“规避”。因为风险是生活的一部分，我们不可能拥有一个无风险的人生和无风险的财务状况。所以对待风险的正确态度是：正视风险，科学地分析风险，并在此基础上做好风险的管理。

为什么不控制或者转移所有风险呢？因为这些做法需要付出成本，而且一味规避风险并不是对待生活应该具有的态度。比如爬山是有风险的，如果出了意外，我们可以通过购买保险为关爱的人留下一笔保险金。这种通过付出一定的成本把风险转移给保险公司的做法叫作转移风险。而在爬山前购买更高级的设备，聘请更专业的向导，就是降低登山活动的风险。想做到完全规避风险很简单，只要不去登山就好了，但同时你也无法领略“无限风光在险峰”的乐趣。

接下来给大家简单梳理一下风险管理的流程。

风险管理大致分成四个阶段——认识风险、评估风险、管理风险和进行管理以后检测风险状况。

认识风险就是了解自己任何行为可能带来的风险，比如登山时的人身意外风险、炒股票时的本金风险等。有些行为面临多重风险，比如经营公司面临的投入资金风险、公司运作的违规违法风险和员工的人身意外风险等。

评估风险就是分析风险危害，从专业上来讲叫“风险敞口”。比如，登山存在的最大风险就是丧失生命；不用杠杆的炒股，最大的风险就是本金的全部丧失。为什么要对风险进行评估呢？这涉及风险管理一个最基本的原则：永远不要冒你无法承受的风险。任何风险都需要从风险敞口和发生概率两个维度来评估，但并不是因为某一种事情发生的概率很高，我们就一定要处理。我们真正应该处理的是我们无法承受的风险。

管理风险的方式主要有五种，分别是规避风险、降低风险、分散风险、转移风险和保留风险。

规避风险，简言之就是不去做。

降低风险也很简单，比如炒股有风险，有人不能接受100万的亏损，那么只能接受10万的亏损。他可以只拿10万元钱去炒股，这样就把投资股市的风险降低到了自己能承受的范围。

分散风险实际上就是由几个人共同分担风险。比如，经营公司风险非常高，投入资金也比较多，这种情况又很难单纯降低风险，那么就可以寻找合伙人共同经营公司，大家一起筹资，共担风险。

而转移风险，最主要的方式就是保险。保险实际上就是支付一部分资金给保险公司，通过契约来让保险公司承担可能导致的财务损失。最简单的例子就是大病险。投保人未来会不会生大病是一个概率事件，且这个概率是可以统计出来的，所以保险公司就推出了大病险。当保险约定的事件发生时，保险公司就按照合同来赔付，而且赔付的这笔钱通常远超过投保人支付的钱。这就把投保人未来生大病导致财务损失的风险转由保险公司来承担。

那么保险公司为什么可以这么做呢？这主要基于保险设计的一个基本原理——大数法则，即个人生大病的概率虽然不确定，但大部分人生某种大病的概率是确定的。那么保险公司就可以按照这样的概率来设计这个保险的价格。

因此保险能够管理的风险是一种特殊风险，叫可保风险，意即可通过保险来进行转移的风险。可保风险具有几个特点:第一是非投机性。股市风险这类投机性风险,不属于可保风险。第二是偶然性和意外性,即不确定发生。死亡虽然是确定发生的,但具体时间不确定,所以寿险也位列其中。第三,也是最重要的,就是事情发生的概率是可预测的。比如,每一个人具体的死亡时间并不确定,但是保险公司在某个地区发行人寿保险前一定会统计该地区人口的平均预期寿命。

最后,保留风险是指对于那些比较轻微的、我们完全能够承受的风险。这类风险没有必要管理。比如,针对患感冒的风险,有的人也许会去购买医疗险,有的人就不会买。这都是个人的选择,因为日常的小病虽然发生的概率很高,但是其危害是我们完全可以承受的,不会对我们的生活产生重大的影响。

风险管理的最后一个步骤就是在风险管理之后对个人承担的各种风险进行再次评估和检测,检查漏洞,看看自己在使用各种工具和手段进行风险管理后是否能处在一个相对比较放心舒适的状态。这个状态因人而异,因为每个人对风险的感受不同,承受力也不一样。

有人想投资某个项目但是没有把握,想拜托我帮忙把关。我往往会建议这类人不要投资,因为他们辗转找到我,向我咨询,往往预示着这项投资潜在的风险超出了其承受力。这种情况下放弃这项投资常常是不错的建议。所以,我们在做风险管理的时候一定要将可能面临的各种风险都分析到,仍然觉得可以承受风险时,才比较适合投资。

理财小建议:风险是我们生活的一部分,我们不应该一味地回避风险,而应该科学地管理风险。

◎ 选好保险，避免“一夜返贫”

前文中提到了家庭财务可能面临的风险：收入风险、意外支出风险、投资风险、购买力风险、资产保全风险、流动性风险和债务风险。接下来就这七种不同类型的家庭财务风险，给大家介绍一些风险管理和防范的方法。

先从第一类收入风险入手。普通人的财务来源主要取决于劳动所得。但是需要注意的是，劳动所得并非处于静止状态，而是会随着时间而发生变化。比如某人当前月收入1万，并不意味着未来30年的月收入都是1万。

收入风险的问题需要引起重视。如果之前没有准备充足的应急金和流动资产，负债又很高，一旦失业家庭财务状况就岌岌可危。像体育界明星、演艺界明星这样收入高、波动大的人群，受收入风险影响往往最大。

在考察收入风险时，首先要了解自己的收入函数。所谓收入函数，就是收入随时间的变化趋势，其与自身年龄、学历、所处行业等各方面要素都有关。比如，一个毕业于哈佛大学的、在某企业担任中层管理人员的30岁年轻人和一个30岁的足球运动员，二者年收入都是30万。他们应采用的理财方式是不一样的，因为他们的收入函数不同。一般来说哈佛大学毕业的年轻人未来事业有非常广阔的发展空间，中层管理人员仅仅是他事业的起点，所以其未来的收入是不断上升的。而足球运动员一般在30岁时就已经到达事业的顶峰，未来的收入会很快下降，此时要特别注意自己的收入风险。

所以大家在管理家庭收入风险时，要结合家庭主要收入人员的学历、行业和职业定位，初步描绘出未来的收入曲线，并制定相应的对策。此外，为防止家庭收入大幅变动，还需要保持收入来源的多元化。

第二类风险是意外支出的风险，指的就是非正常支出的风险，比如生重病、发生车祸等，这类风险主要是通过购买保险的方式来化解。

第三类是投资风险。只要记住以下三句话，90%以上的投资风险都可以规避了。

第一句是“明白投资”。了解自己资金的用途，保证投资管理者的可靠性，通常就不会出现莫名其妙的投资损失。第二句是“长期投资”。很多人以为投资时间越长风险就会越高，但实际上，时间是投资者的朋友，大量的市场投资行为在时间足够长久的时候，都能够获得一个逐渐稳定的平均预期收益。时间越久，投资的结果就越趋近预期收益。这跟掷硬币一样，理论上正面和反面的概率都是50%，但如果只掷几次，它的正反面概率是完全不确定的；只有掷的次数足够多才能接近这样的概率。所以，规避投资风险的一个重要的方式，就是做好长期投资的准备。第三句话是“组合投资”，通俗点说就是不要把鸡蛋放在一个篮子里。组合投资和长期投资加在一起，就能规避投资当中最常见的两类波动：一是各类市场和各种产品收益的波动，二是时间尺度上的波动。记住，风险不一定是亏损，凡是与你预期收益有较大差距的都叫风险。

第四类风险就是家庭资产的购买力风险。影响购买力的核心要素有两点：通货膨胀和汇率。通货膨胀让我们的财富按照指数的规律递减，是我们财富最大的敌人。对抗通货膨胀唯一有效的方式就是积极进取地投资，只要投资的预期收益超过通货膨胀的水平，财富的总体购买力就在上升。所以，理财必须要积极进取地投资，即使要承担一定的风险。至于汇率，如果只在中国待着，汇率高低对我们的影响并不大，影响的也就是进口商品的价格，对日常消费影响可以忽略不计。有人也许会有这样的疑问：是不是要把家里的钱兑换成美元？这要取决于你的财富水平。如果家里资产达到较高的水平，消费也会趋于全球化，这时就要考虑汇率的风险。当你的生活空间已经实现全球化时，为了规避全球范围内的购买力风险，家庭的资产组合必须包含一些非人民币资产，以规避汇率风险，而规避汇率风险的最好方式还是把资产放在不同的篮子里。

第五类家庭财务的风险叫作资产保全风险。这类风险主要涉及的是财富可能因其所有人的法律问题而产生相应的责任和所有权转变。普通老百姓涉及该风险的不多，但是一旦涉及，这对财富的影响往往是致命的。假如资产出现法律问题需要承担相应的责任，却没做好相应的防范措施，那么资产持有人就可能会被没收资产或者面临破产。而所有权转变，常见是婚姻出现问题时，家庭资产的分割会导致资产的流失。

第六类是流动性风险。在前面的章节里，我建议大家在进行投资规划之前留下足够的应急金，就是因为生活中难免会有额外支出，没有足够的应急金，就不得不卖出手上的一些资产，这样的卖出操作就违背了长期投资的概念。所以保持整个家庭资产的充分流动性和充足的应急金，是对抗流动性风险的基本方法。很多家庭财务陷入危机往往缘于流动性风险，并不是真的资不抵债。企业亦是如此，比如有些企业净资产是正的，但所欠的一笔负债即将到期，自身也没有现金偿还，其命运也只能是宣布破产。相反，如果一个人负债累累，只要每个月能够按时偿还银行的按揭贷款，也不会有破产的问题。

最后一类风险是债务风险，在管理时主要注意两个基本指标：负债率不要超过50%和每月还债支出不超过稳定收入的1/3。只要满足这两个指标，一般来说，个人和家庭的债务问题都不算太大。

❷ 用保险抵御风险

◎ 把保险变成你的家庭理财好帮手

保险是一种重要而复杂的金融产品，也是最基本的家庭金融理财工具之一。

保险的复杂在于，要将它表达清楚至少要列清四样东西：第一，购买者和保险标的；第二，受益人；第三，费用；第四，保障额度。

保险的功能也非常丰富。第一也是最基本的功能就是保障；第二就是实现财富增值的功能；第三是资产保全、财富传承、体现关爱、体现身价、强迫储蓄、避税、分割资产以及资产转移和分配等延伸功能。可以说，保险关注的是我们人生各方面理财的需求。

前面的章节里有提到，家庭财务面临着各种风险，其中有些财务风险可以通过购买保险的方式转嫁给保险公司。人寿保险除了具有财富传承的功能，还可以保障家庭收入的可持续性，规避家庭收入的风险。养老保险亦是同理。养老保险应对的是退休以后收入降低的问题。本质上来说，它和寿险一样，规避的都是收入风险。

各类医疗保险就是为应对意外支出风险而设计的。在现代社会中，大家非常害怕生重病，因病致贫、因病返贫和无钱治病的事件屡屡见报，这是我们财务要面临的一大风险。医疗保险就能帮助中产家庭应对因生病导致的各种意外支出风险，使得家庭财务不至于因病致贫。大病保险是中产家庭的必备，而住院险、门诊保险等则可在财务资源足够丰富时再购买。

其实保险能够管理的家庭财务风险主要就是收入风险和意外支出风险。对于购买力风险和投资风险，保险则无能为力。但在资产保全风险的问题上，保险又能发挥作用。这关系到保险的一个延伸功能——避债资产保全。也就是说当你为一部分财务购买保险后，如果这笔资产是合法收入，哪怕你未来企业破产或者个人破产，其他资产可能会被罚去抵债，但是这份保险却可以保全下来。

再来介绍一下保险的特点。

第一，保险是唯一一种将金融和人结合起来的金融产品。对其他金融产品来说，购买者身份、年龄、购买时间等因素都不重要。但是保险大不一样，这些因素决定了保险产品不同的价格。

第二，保险期限往往非常长，即购买保险时，这笔钱的运用和最后获取回报往往会隔一个非常长的期限。因此买保险之前要对自己生活进行一个长期的规划。如果只考虑三个月以后的、明年的这些短期内的事情，就不适合购买保险。

第三，保险一直跟我们的人生紧密结合。比如，我们可以给出生不久的新生儿购买教育险。这种保险就是给孩子每年存一笔钱，总共存五年或十年。等到他上小学、中学、大学时可分别拿出一部分，而大学毕业后则有创业金，结婚时有婚嫁金，退休时还有养老金。人生的不同阶段需要不同的保险。

第四，保险具有雪中送炭的特点。因为保险公司通常都是在购买保险的人或其家庭出现重大变故，或有重大意外支出，或收入明显减少等事情发生时才进行赔付，此刻他们伸出的援手价值是超过援手本身价值的。很多人在购买保险的时候会算账，计较钱被保险代理人分了多少，但是保险的本质不在于此。它虽然不能让我们致富，提升生活品质，却能很大程度上降低意外对我们的幸福生活所带来的负面影响，这就是保险的价值所在。

最后，理财类保险属于利率敏感型产品。购买保险后，由保险公司来运作你的资金，然后按照保险合同约定的情况赔付相应的保险金。这时保险公司更重要的功能是要合理运作你的资金，实现收益。有些人年轻时花了几万元买了寿险，但是寿险的保障额度却可能达到几百万，为什么呢？就是因为保险公司管理资金时间很长，经过几十年的复利增长，能够创造的财富是超乎想象的。这笔资金的长期增值，也和利率水平直接相关。而且因为期限足够长，利率高低的细微不同会导致截然不同的结果。举个例子，一个人在30岁时购买了1份寿险，如果其预期寿命是90岁，那么这笔寿险资金的运行时间就会达到60年。如果按照保险公司资金6%的复利增长，那么在这60年时间内他的这笔钱可以涨32倍；如果保险公司只按照2%的内部收益率来测算保险回报，60年之后你的财富不过只增长了3倍多，跟6%时的32倍相差近30倍。

前文讲债券的时候说过，利率上升的背景下，债券的价格会下跌，反之则会上升。不仅如此，所有的固定收益理财产品都跟利率反相关，而且这个反相关与期限关联性极大，期限越长，利率的变动对价格的影响就越大。保险产品，特别是养老险寿险这类产品的财富管理期限就很长，所以对利率变化非常敏感。

保险产品没有绝对的好或者坏，只有适合与不适合。但是，在不同的时间段，不同的公司会推出不同的产品，它们的价格也有着天壤之别。大家在选择保险的时候要学会甄别。

理财小建议：保险不会改变你的生活，保险真正的价值恰恰在于保障你的幸福生活不被意外的事件改变。

❸ 做好家庭保障规划

保险是我们做家庭保障时的重要金融产品。对不同个人、不同家庭、不同财务状况的人而言，同一款保险产品的价值都不一样。所以，保险无所谓优劣，只有适合与不适合之分。要制定一份完整的家庭保障计划，不仅要考虑保险的费用和保障的风险，还要注意保障额度是否恰当。接下来谈一谈，面对市场上各类保险产品，我们应该如何在家庭财务中做出安排。

第一类是最主要的保险——人寿保险。它以人的生命为保险标的。如果某人的去世会对其关爱的人的生活产生重大影响，那么他或她就需要购买一份人寿保险，让其关爱的人成为这份寿险的受益人。所以，国外有些夫妇在结婚时会给配偶买一份保险，如果一方发生意外，保险公司将会给另一半的生活继续提供保障。同样的，在中国也有购买类似保险的必要，额度一般是你收入的10倍，费用占你收入的10%即可。

不过收入的10%不一定能正好购买到额度为收入10倍的保险，所以寿险又分为终身寿险和定期寿险。定期寿险很便宜，可能只用花费几千元钱就能获得上百万的保障，但是它属于纯保障型的保险，而且保障有期限。比如购买一份今年的定期寿险，在今年若发生意外可获得保险公司的赔偿，一旦过了今年，这笔保险就过期了，保险公司不予赔偿。终身寿险就是一旦购买，不管未来何时去世，保险金都能交与保险受益人。因此，终身寿险价格相对来说就高很多。年轻人余钱不多时可以购买定期寿险。等到家庭收入相对稳定，余钱充足的时候就可以购买终身寿险。

第二大类保险是养老险。从理论上讲每个人都需要买养老险，因为养老保险类似于储蓄型的保险，由于货币的时间价值和复利效益，越早购买价格就越便宜。虽然人们往往是在有闲钱以后才开始安排养老保险，但它的保费不必一次付清，逐步累加也可。年轻时可以少买一点，之后有了闲钱再不断累加，等到真正退休的时候，每年就能拥有不菲的退休金，可以保证退休生活相对宽裕富足。因此，每个人都需要养老保险，而且在资金许可的情况下，越早买越划算。现在市场上还推出了养老险和寿险结合的新型保险产品，就是买了养老险以后，退休时每年都有钱可拿，去世后财产继承人还能获得一大笔钱。这也不失为一种好的选择。

第三类是大病保险。大病保险对年轻人而言可以说是必买的产品。首先它价格不贵。其次，大病对家庭财务的危害巨大，而保险恰恰可以应对这种情况。大病险的额度一般是年收入的 3 到 5 倍。至于医疗门诊险和意外伤害险等保险，在资金充裕时再配置即可。

第四类是教育险。现在很多家庭非常关爱子女，愿意把钱花在孩子身上。针对孩子的保险最主要的一类是教育险，在孩子刚出生不久后购买 5 到 10 年的教育险，孩子在未来的不同阶段便可领到相应的资金。教育险是一个典型的理财产品，但不是必需的。关心孩子教育不一定要购买教育险，购买基金组合作为孩子的教育基金同样能实现类似功能。只不过基金组合具有不确定性，而教育保险的资金是非常确定的。

除了以上列举的这些，还有财产险、车险等其他类型的保险。

从纯保障的角度来看，衡量保险的价格有一项重要标准，那就是赔付率。赔付率指赔付支出占保险总价的比率。如果一份保险卖出 1 亿，赔了 7000 万，剩余

3000万作为保险公司的运行管理费用和相关利润，那么这个产品的赔付率就是70%。也就是说纯保障型的保险，价格关键在于赔付率。赔付率越高，购买保险就越划算，也就是保险比较便宜。国际通行的赔付率一般在20%到80%之间。如果一份保险的赔付率超过了80%，就意味着保险公司风险很大，甚至会亏钱，保险公司就不愿意卖这个保险。如果赔付率低于20%，就表示保险公司赚取比率太高，这类保险就不建议大家购买。大家熟悉的航空意外险，花费20元钱就能获得20万或40万的赔付，而它的赔付率也是非常之低，因为全世界的航空发生意外的概率极低。

保险是结合了金融和人生各种意外的综合性金融产品，所以在设计时，保险公司要考虑其预期收益和意外的发生概率，预估时也要采用保守数据，以保证自己不会面临太高风险导致经营出现问题。在实际运行当中，意外的发生概率远低于保险公司的估算，所以最终保险金运行的收益会比估算值更高，这就是所谓的利差。同时，因为保险公司预计的死亡概率过高，那么保险产品实际赔付的就会少些，保险公司就因此获得了额外的收益，这被称为死差。利差和死差使得保险公司获得了额外收益，保险公司会把大部分额外收益都还给保险的购买者，因为保险公司是用保险购买者的钱来进行投资获取收益的。寿险和养老险都具有这样的分红功能，只是收益率不确定。

保险代理人往往会跟购买者承诺一个确定的保险回报，即保险合同规定的回报，还有分红的回报，并给购买者测算多久以后他们额外能够分到多少钱。但这笔钱是不确定的，所以如果大家不介意分红的多少，就可以考虑购买这个产品。反之，若是在意分红，认为分红可能达不到承诺的水平，就最好不要买这个产品。即使达不到预计的分红水平，保险代理人也完全不需要承担任何法律责任。

投资连结险和基金很像，基金是把钱交给基金公司，由基金公司进行投资，产生的收益分给大家，基金公司只收取管理费；投资连结保险是把钱交给保险公司，由保险公司投资与分红。不过投资连结险包含一些保障功能，不是纯粹的投资，而且保险公司的投资通常更为安全、稳健，因此一般能给予保险购买者保底收益。但是，投资连结险归根结底是投资行为，依然有亏损的可能。

那么股票、基金和投资连结险有什么区别呢？它们最大的区别就在于时间，或者说流动性。短期内投资的钱就可以去买股票，随用随赎，流动性最高；购买基金至少要投资两年以上，因为基金的申购赎回中间的成本相对比较高，不适合频繁地进出买卖；而投资连结险的期限是最长的，购买它的资金应该是10年之内不会用到的，比如养老金。同时也不用关注它短期的波动涨幅。十几年前，有一家著名的保险公司推出了一个受市场波动影响较大的投资连结险，后来出现亏损，很多人对此提出质疑并要求赎回。实际上，投资连结险短期内净值价格的波动是可以接受的。从长期来看，这款保险的收益相对其他保险产品来说，也是相当可观的。

理财小建议：一个人一辈子如果只买一种金融产品，那一定就是保险。

03

实战篇

理财，让生活更美好

第八章 花钱之道

❶ 如何聪明地买买买?

理财不光讲怎么赚钱，还要讲怎么花钱、怎么管钱、怎么存钱、怎么分配钱。接下来我们就讲讲如何花钱。

花钱分成两大类。一类是大额的支出，比如买房、装修、买车等；另一类就是接下来要说的——我们日常的消费。

做好家庭收支安排就要用到自己家庭的现金流量表。现金流量表里面显示了我们一年的收入和支出，包括每个月的常规支出以及一些其他年度性的支出，比如房租、水电、交通、电话等。这些支出都是按月度算出来的，那么：**全年的总支出＝每个月的常规支出**×12＋**其他支出**。年度的支出主要有保险金的支出、旅游的支出、孝敬父母的支出等。同理，年度收入也如此计算。每个月有工资，还可能有季度奖、年终奖之类的收入，或者还有一些外快。把这些收入都加在一起，就构成了你的年度总收入。

接下来要对你的支出有所了解。先按照支出的性质不同做个分类。把支出分成固定支出、可变支出和灵活性支出。固定支出包括房租、买房的按揭贷款、保险的年费、税款等。当然，一般情况下，工资里的个人所得税单位会提前帮你扣掉，拿到手的都是税后的收入。像房租、贷款、保险、税款这样的支出相对来说金额比较确定。它们最大的一个特点就是很强的强制性。除此之外，还有一些我们生活中必需的，但额度可以调节的支出，比如吃饭、穿衣、水电、煤气、交通、医疗等费用。我们把这类支出叫作可变支出。还有一类灵活性支出，它的特点是可支出，也可不支出。比如看电影、旅游、出国进修，这些不是我们生活必需的。如果经济条件好，可以增添这些内容，提高我们的生活品质；如果经济条件不太好，手头比较拮据的时候，我们可以放弃这些支出。

在这里要提到一个重要的概念——支出的弹性。每一项支出的弹性不一样，固定支出基本上没有弹性，可变支出的弹性更大，弹性最大的当属灵活性支出。

将我们所有的支出按照弹性划分，意义在于解决现在年轻人在财务安排上经常犯的一个常见错误——乱花钱。我们生活中常常会看到一些“月光族”，已经工作好几年却攒不下最基本的应急金，出了事就得找朋友借钱，向父母伸手。这个现象说明这些人太不善于理财。作为现代城市经济中独立的个人，学习理财就是要改变这个现象。理财规划第一件事就是一定要储备应急金，在你开始工作，拿到钱的时候，就要先攒应急金，存好日常 3 到 6 个月的支出资金。这是理财的最低要求，但很多年轻人都做不到，原因就是他存不住钱，抱怨着工资水平低、物价高。其实很多城市“月光族”往往比较能干，收入不低，并且在职场上有相当大的竞争力。真正处在社会的底层、收入很低的人群倒不是“月光”，因为这些人安全感相对较低，所以有更大的动力来要求自己存钱。

理论上讲，理财不是存钱，但是所有人的理财都是从存钱开始。一定要改掉“月光”这个坏习惯。

治疗“月光”的第一步是记账，将花出去的每一笔钱都记录下来。现在的支付宝或是微信都是很好的记账工具，在一个账户下，你的每一笔支出都有记录，那么一个月下来你就可以清楚自己的支出分布了。“月光族”的一个共同特点是：大部分的支出都是灵活性支出，也就是把钱花在非必需支出的事情上。所以，其实他们只要稍微节制一点，就可以很容易改变自己“月光”的现状。当然，说起来容易，做起来难。如何节制呢？例如，你在拿到1万元工资的时候，先把其中2000元存到你想存的账户上去，然后再把那些固定支出，也就是强迫性的支出——如还贷款、付房租——提前放到一边或者先支付掉。假设这一部分又花了4000元，那么你现在还剩下4000元钱。这就是你可以自由支配的钱。如果这些钱你在月初使劲花，那么一定不到月底就用光了，但绝对不要把之前存的2000元取出来应急，无论如何也要熬到下个月发工资。只要你坚持这件事，等到第二个月，你会更谨慎地处理那自由支配的4000元。如此往复，你就不会在月底“闹饥荒”了。我相信三个月下来，每个月存下2000元这件事情就变得一点都不难，慢慢地你的生活也会被安排得井井有条，而且并不觉得生活品质因此下降。

第二个关键的方法就是明确自己的支出顺序。每个月拿到收入之后，首先要把那些弹性最低的支出花掉，包括信用卡还款、按揭贷款、保险费、房租、水电煤、话费等基础费用。接着，再把想存的钱先存起来。剩下的钱，在支出时也要遵循一些基本的顺序，比如吃饭穿衣的费用、交通费用、娱乐及交际费用、女孩子基本的化妆品费用都要提前预留。至于一些进修类的费用、买奢侈品的费用，就排在支出顺序的最后。会理财的人和不会理财的人的最大区别就在于花钱的顺序。前者会把该存的、该还的、该留的资金都规划好，剩下的再全部花光。不会理财的人往往是想怎么花就怎么花，虽说如果有结余还是可以存下来，但因为缺少计划，最后往往什么都存不下来。

可能有人会说："我确实存不下来钱，一个月工资付掉房租或者还掉按揭贷款，就剩一两千元。这一两千元钱，要吃饭，还要付交通费、手机费，付完这些就没钱了。那我怎么可能还存钱?"这种被迫型"月光"的情况说明他们的收入支撑不了你现在的生活方式。我只能建议他们努力提高收入，或者降低目前的生活水准。

这套方法教给大家以后，大家就可以存下钱了。接下来的问题是，要存多少才好？有人说："存钱当然存得越多越好。"其实不然。存多少钱在财务指标上叫"结余比例"。如果你一年挣30万，存下9万，那么你的结余比例就是30%；如果你只能存6万，结余比例就是20%。那么结余比例到底多少才好呢？一般标准是：结余比例至少要达到10%，但也不要超过70 %。按此标准来看，你每个月花的钱最好达到你收入的30%以上。

那些过度节省的人，虽然有更多的财务资源，未来可能过上更好的生活，但是他现在的生活明显没有达到应有的水准。从一生的时间跨度上来看，这样过度节制消费行为并没有帮他实现幸福的最大化。其实这个观点也同样适用于"月光族"。有些"月光族"不存钱的理由是："我只要现在活得好，以后的事情以后再说。”可未来一旦有意外发生，生活很可能陷入困境。我们追求的既不是过于攀比、奢华的消费方式，也不是那种对自己过于苛刻的生活方式。我们要追求的是自然的、符合自己生命状态和财务情况的生活态度。

理财小建议：所有的理财都是从存钱开始的。

❷ 把信用变成一种靠谱的资产

“信用”这一概念对大家来说可能既熟悉又陌生。在金融财务的框架体系下，信用是一个实实在在的可量化的指标，可以用来描述一个人的财务状况。有些人可能很有钱，可一旦失去了信用，就难以立足于世；有些人可能已经倾家荡产，但如果有良好的信誉，他就还能东山再起。

事实上，我们当今的金融体系就建立在信用的基础上，甚至我们使用的钱都是信用货币。我们平常购物，也经常使用信用卡。信用就在我们的身边，它对我们的财务也有很大的影响。然而在实际的理财过程中，很多人可能并不能够正确地对待信用，或者重视信用的维护和建立。

很多年前，深圳的房地产市场出现了一波快速的下跌。在这之前有人用三成首付买了一套房子，不久后房价暴跌，跌幅一直跌到了30%以上。这也就意味着，这套房子的价值已经低于他欠银行的贷款。于是他选择了弃贷，也就是放弃了房子，不再每月还按揭贷款。他觉得自己的决策是正确的，因为房子本身已经成为负资产，资不抵债，这时候再还贷对他来说是亏的。但是如果把个人信用的价值考虑进去，这样的行为是极其愚蠢的，因为信用比钱更重要。没有了信用，你就无法与别人合作，也无法立足于现代金融体系。相反，哪怕现在没有钱，只要有信用，你一样可以获得很多的财务资源，实现人生目标。

信用不仅关乎个人，还关乎国家和企业。人们之所以愿意辛苦工作，最后每个月换来一堆纸币，是因为相信这些纸币背后的价值。而这些纸币是由其发行机构，也就是各国的央行来保证的。所以我们现在用的货币都叫作信用货币，这张“纸”之所以有价值，是因为有国家的信用作为担保。当一个国家的政府面临崩溃的时候，它的信用也会受到冲击，从而导致货币大幅贬值。而且，一个国家的信用好坏对这个国家的经济影响也是非常大的。比如20世纪90年代俄罗斯出现的经济危机，以及2010年的欧债危机，直接起因都是一些国际信用评级机构调低了俄罗斯、希腊等国家的国债信用评级。这些商业机构根据社会认同的指标来衡量这些国家偿付债务的意愿和能力，评判信用等级。信用等级下降的后果就是大家不敢再把钱借给它了，甚至要求提前还清之前借给它的钱。这对一个国家的财政是一个致命的打击。

当然，企业也是如此。对于企业来说，哪怕它的财务状况并不乐观，负债很高，只要有良好的信用，就还能借到钱，继续经营下去，甚至最后翻身。如果它的信用出现问题，那么这个企业的现金流可能就会立刻出现问题。一个经典的例子就是乐视公司的崩盘。直接起因是某家银行发现乐视的财务有问题，因此开始对乐视的偿付能力和意愿表示了怀疑，于是冻结了乐视相关的抵押资产。这件事情如果只是孤立事件并没有关系，但是整个金融体系的信息是互通的。一旦这家银行这么做，所有的金融机构都开始抽贷(所谓抽贷就是不再提供贷款，并要求提前偿还以前的贷款)。这就直接导致了乐视资金链的断裂。

由此可以看到，信用的问题不光涉及个人，对国家和企业来说都非常重要。

我们可以把现代社会视为一个信用的社会，人在社会上的一切商业行为一定都建立在信用之上。在个人或家庭理财中，与信用问题最密切相关的就是信用卡的使用。如果你申请了信用卡，你不要随便地将它“刷爆”。如果“刷爆”了，要及时还款，一定不能违约。一旦违约，你的信用就会受损，还会面临巨额的罚息。

下面来谈一谈信用卡的几个注意事项。信用卡是方便我们日常消费的一个工具，现在几乎人人都在用。一方面，我们通过这样一种借钱后再按时归还的过程，建立自己的信用记录。另一方面，要避免滥用信用卡。社会上曾经流行过所谓的“以卡养卡”，也叫“信用卡理财”，就是通过不断地刷卡，来提高信用额度。但如果持卡人自身并没有很高的消费需求，只是单纯通过刷卡来增加自己的信用额度，那么这其实就是一种不守信的行为。还有一种所谓的“以卡套现”，就是充分利用信用卡几十天的免息期来套取资金，实现某些财务用途。当然我们也绝对不赞成这样做，因为这个免息期本身就很短，而信用卡提供的资金目的是用于消费，而提现功能也只是为了帮助持卡人应对特殊需求。当持卡人滥用信用卡的这一功能时，本身就已经违背了“信用”二字。另外，我也不太赞成个人同时持有太多信用卡，因为这容易导致过度消费，或因记不清还款时间而导致罚息。所以我建议大家：信用卡不需要太多，一两张足矣。

中国人接触到现代金融体系的时间相对还不是太长。过去，我们因为某种情况需要资金的时喜欢找亲朋好友借钱，也就是民间个人借贷。在这种借贷的过程中，很多人往往也没有立字据和还利息的习惯。首先，我们不应该过度地进行民间借贷，特别是民间的商业借贷。因为这类借贷有很多是不受法律保护的，而且通常利息特别高。随着现代金融体系现在越来越发达，我们可以充分利用各种金融工具来实现商业行为。所以一般也不建议大家使用民间的非商业借贷。必须要用时，大家记住，一定要立字据，写明借多少钱，什么时候还，是否有利息。一般情况下，如果借款的金额比较大，时间又比较长，那么鉴于货币的时间价值，应该给借钱的人一定的利息补偿。当然这个约定的利息原则上也不能太高，超过银行同期贷款基准利息的 4 倍，其实就属于高利贷了，法律上也是不允许的。

其实信用的概念在我们个人理财当中几乎无时无刻不会碰到，良好的信用记录是一个人在这个现代信用社会立足的基本前提。所以大家一定要珍惜、维护自己的信用。

理财小建议：信用是我们在现代社会立足之本，我们应当像爱护自己的眼睛一样爱护自己的信用。

❸ 适当的超前消费让你更富有

债务管理似乎是一个充满矛盾的问题。一方面，大家对于债务的传统印象往往比较负面，常常跟债台高筑、负债累累、资不抵债这些词汇联系在一起。另一方面，我们所熟知的那些富豪有一个共同的特点，就是“欠债特别多”。所以我经常说：“你要看一个人是有钱人还是穷人，只要看他去银行干什么就知道了。”把钱借给银行，当银行债主的人，往往不是富人。那些有钱人去银行，一定是想方设法从银行借钱，借到贷款。甚至我们可以发现一个规律：一个人的富裕程度和他的负债水平是成正比的，也就是负债越多的人越富裕。

其实这不奇怪，我们在分析财务的时候有一个基本的公式：**总资产－负债＝净资产**。在这个公式里面，总资产一定的情况下，负债越多，净资产就越少。但是如果把这个公式的顺序稍微变一变，就会发现总资产等于净资产加上负债，也就意味着在净资产一定的情况下，负债越多，总资产就越多。那么通过增加负债的方式，就可以增加可支配的财务资源。这就是为什么负债高可以让我们变得更富裕的根本原因。通过增加负债可以增加总资产，而资产是可以给我们带来收益的，那么负债越多意味着资产越多，这些资产带来的收益当然就越多。不仅个人如此，企业和国家也是这样。

改革开放前，中国经济状况并不好，老百姓穷，国家也穷。当时中国经济既无内债也无外债，也就是说我们国家既不欠外国人的钱，也不欠老百姓的钱。正因为它什么钱都不欠，所以当时的经济状况非常糟糕。改革开放之后，我们国家各级政府的负债越来越多,甚至于我们负债和GDP的比值也越来越高。随着政府的负债水平越来越高,全国的经济进入了突飞猛进的发展阶段,人民也越来越富裕。世界上欠债最多的国家是美国,目前世界上最富裕的国家同样也是美国。

再来看看企业。大家都知道,银行业是非常赚钱的行业。如果仔细分析一下,这个行业创造财富的效率其实并不高。那么银行为什么会赚那么多钱呢?因为银行欠债高,是所有行业里负债率最高的。按照国家的相关规定,基本上银行每100元钱里,大约92元钱都找别人借的。正是因为如此高的负债,使得它在总资产收益率不高的情况下,净资产收益率却非常高。

当然,需要注意的是,负债是要付出成本的。也就是说你找别人借钱,不仅要还本金,还要还利息。我们把它称为"债务成本"。所以负债准确地说是一把双刃剑。一方面,负债可以增加我们可控的财务资源和总资产,从而获得更高的资产收益。另一方面,负债又是有成本的,你需要为你的负债付出一定的成本。所以判断负债能不能让我们变得更富裕,一个重要的标准就是:你通过负债增加的资金所产生的收益是否高过负债的成本。如果是,那么这个负债行为就能够让你赚更多钱。反之,如果负债带来的资金不能够产生收益,或者产生的收益抵消不了负债带来的额外财务成本,那么这个负债就成为你财务上的沉重负担。负债的财务成本很好计算,就是债务的利息率乘以所欠的本金。债务的利息高低则与欠债的方式,以及当时市场的利率水平相关。

从1998年亚洲金融危机之后,人民币的利率从最初的10%以上不断下降,21世纪初甚至降到了2%以下。在这之后的将近20年时间里,尽管有所波动,但是基本都维持在2%~3%。这样的低基准利率带来的结果就是:贷款的利息也随之降低。比如住房按揭贷款利率在过去的20年里基本上在5%到9%之间波动。银行贷款中的个人消费贷款、信用贷款、创业贷款等，利息也就是 10%多一点，不到 15%。而这 20 年中资本的平均收益率在 15%。这两组数据一对比，大家就知道为什么借钱越多的人，往往财务上越成功。因为负债带来地债务成本低于因负债获得的资本收益，负债越多也就收益越大。

当然我们不能简单地说借钱多是成功的唯一因素，这只是其中的一个要素。我认为另一个原因是，一个勇于借钱的人，通常在投资理财上比较激进，往往愿意承受更大的风险。这意味着他可以获得更高的收益。那么一个拥有更高投资收益的人，他的资产水平就会更高，财务状况当然就会更好。还有一个原因就是，我们老百姓找银行借钱，主要就是购房的按揭贷款。过去 20 年，中国房地产市场恰好走出了一个波澜壮阔的大牛市。所以那些负债高的人，也就是那些更多地参与到房地产市场的人，正好享受到了房地产市场这波大牛市带来的收益。

如果不是具备这些条件，可能结果会截然相反。比如，如果过去 20 年中国的房地产市场下跌了，那么普通老百姓找银行借的住房按揭贷款就会成为一个巨大的财务负担。另外，过去 20 年中，我国利率一直处在一个比较低的水平。如果基准利率升到 8%，那么住房按揭贷款的利率也会相应地升至 13%或 14%，这种情况下偿还按揭贷款的压力将会越来越大。

可以说，过去 20 年的低利率是导致借债越多的人收益越高，资产增值越快，越来越富裕的根本原因。由此我想引申出一个观点：长期的低利率实际上是有利于资本的，或者说是有利于富人的。那么反过来，高利率则有利于普通老百姓。因为老百姓倾向于存钱，而富人则更多地会借钱。当然我们普通人也要学会运用这个规律，在利率比较低的时候就尽量地多借钱，成为资本方，因为低利率实际上是把债权人的利益传输给债务人。反过来，在高利率的时候，要考虑当债权人，把钱借给别人。因为高利率意味债权人的利益更高，而债务人的负担更重。

一般中性的利率水平在4%到5%，低于4%的就是低利率，高于5%的就是高利率，而10%以上的利率就是超高利率。大家记住这个标准，在做投资理财时考虑清楚什么时候应该多负债，而什么时候应该成为债权人。

大家可能会发现，高负债的人群不仅包括高净值的有钱人，也包括一些面临破产的人。为什么会产生这两种截然不同的结果呢？这个问题的关键点在于你负债用来干了什么。如果你将借来的钱变成资本，那么在资本收益率高于负债成本的时候，你就能赚更多钱。反之，如果将借来的钱用于消费，特别是用于超出你能力范围的恶性消费，这时负债就是有问题的。净资产加上负债等于总资产这个公式成立的前提是：你没有把借来的钱花掉，而是用于投资。

为了购买资产（比如买房子、创办企业）而负债的做法，一般我们都应该鼓励。因为这些钱并没有被花掉，而是变成了生息的资产。在经济形势比较好的情况下，通常这样的资产收益是高于负债成本的。但为了消费而负债时，我们就要谨慎一些。比如，贷款买车这种消费行为就要慎重，因为汽车从来不是资产；如果一定要说是资产，也是消费型资产，不能够生息。另外，很多人之所以使用贷款来买车子，是因为这辆车的价格已经超出了他的消费能力。这种超出自身经济能力的消费实际上并不明智。

最后要强调的是，负债可以增加我们的财务资源，通过这种方式购买资产可以让我们的收益变得更高。尽管在目前的低利率情况下这种方式行得通，大家也应该将负债合理地控制在自己能够承受的范围内。这里提供两个数据指标供大家参考。第一个指标就是你的负债率不要超过50%。第二个指标就是你每个月还按揭贷款数额，不要超过你每月收入的40%。在低利率环境下同时满足这两个条件，增加负债就能使你的财务状况变得更好。

大家也可以结合一下自己家庭的债务状况做一个比较，看看你的债务到底处在什么水平，或者进一步分析你的负债都用来做了什么，是将它变成了资产，还是用于了消费。

理财小建议：合理的负债是撬动我们幸福生活的有效的杠杆。

第九章
买房那点事儿

❶ 想清楚家里该买房还是租房

有人说:“房子是刚需,肯定得买!”其实不然。确实,我们每个人都需要有房住,但这并不意味着我们每个人一定要有住房。有住房是拥有一套房产而有房住则可以通过拥有一套房产,或者租赁房产的方式来实现。这就涉及了我们到底应该租房还是买房的问题?其实有很多非常成功的人士往往就选择不买房子。比如,“打工皇帝”唐骏就说过:“我从来不买房子。”因为他长期住在酒店,方便办公和出差。另外,还有“罗胖”罗振宇、高晓松这些名人也都说过不买房。这些人的选择,不是出于财务方面的考虑,而更多的是出于个人的生活习惯和需求的判断。他们不希望自己生活空间被锁死,也不需要通过买房的方式来获得财务上的安全感。对于我们普通人来说,选择买房子还是租房子,更多要考量的还是财务问题。

其实选择买房或租房，与每个人所处的财务情况、生命阶段、生活方式、生活态度都有关系，没有绝对的对与错。对于中国人来说，在经济条件许可的情况下，夫妻婚后一般会买一套房子自己居住。

房地产市场快速上涨，引起了一部分人的恐慌情绪。一些人怕房价以后越涨越高，越迟越买不起，所以不管三七二十一先买再说。这种买房行为并不是出于生活的需要，而只是一种投资理财的行为。这种投资理财的行为，其基础是假设房价未来会快速上涨。对这样的一种判断本身，我们要先打个问号。买房作为家庭的一项重大决策，仅仅依据个人对市场走势的判断，显然站不住脚的。

要讨论买房好还是租房好，我们不妨把买房和租房的优劣分别罗列出来，做一个对比。大家可以根据自身的需求，再做选择。

先来看看买房子的好处。

第一，购房后，你就有一个完全属于自己的家了，不用担心随时要搬走，也不用担心下个月会涨房租。而且，因为是你自己的房子，你想怎么装修都是你个人的权利，可以按照自己意愿来建一个安乐窝，一个生活的港湾。

第二，买房后，你就拥有了一大笔资产。付了首付之后，每个月虽然要还贷款，但是几十年下来，你至少留下了一套房子。如果未来房价上涨，你的财富也就实现了增值。租房也需要每个月支付房租，但最终房子并不会变成你的资产。

第四，在低利率时代，借钱越多越划算。我们普通老百姓在什么情况下可以以一个优惠的利率借到钱呢？就是使用住房按揭贷款。通过买房子，你可以实现适度的、良性的负债，改善自己的财务状况。

第五，买房从理财角度可以看作是一种强迫储蓄。如果你一个月挣 1 万元钱，每个月还要还 4000 元的房贷。那么这每个月 4000 元必需的支出，实际上是强迫你把这笔钱最终转化成了你的资产。这对自我控制能力比较弱的人来说,是一个非常重要的理财的约束。

那么买房的“坏处”又有哪些呢?

首先,买房是一笔相当大的支出,大部分人在支付首付后手头会变得比较拮据,加上每月的按揭贷款,没有多余的钱去做其他的投资,甚至可能会因此错失很好的投资机会。

其次,如果选择租房,你可以随意地选择变换生活、工作空间,而你一旦买了房子,生活空间也就受到了限制。

最后,房价一旦下跌,那么你的资产也会相应地贬值。在过去20年里,中国房地产市场走了一轮大牛市,而这样的大牛市在历史中是非常少见的。既然涨了那么多,之后出现下跌也没有什么奇怪的,这个世界上哪有只涨不跌的市场?

接下来,我们对买房和租房的优缺点做一个比较。

先从财务的角度分析,如果你判断房价未来还会涨,那么现在买房就可以获得额外的资本增值的收益;如果现在不买,那么你未来将付出更高的购买成本。这是基于对未来趋势的判断得出的结论。

再从支出成本的角度来看,房租如果很便宜,那么就选择租房;如果房租很贵,那就买房。这里便宜与否的标准是什么呢?如果你租房一年要付出的租金达到了房价的4%~5%,那么这时选择租房就不太划算,可以选择买房。

另外,如果你购房按揭贷款的利率比较高,那么买房的很多优点就没有了。一方面,利率高时,买房的机会成本和财务成本都会比较高。另一方面,购房按揭贷款的利率高,意味着整个市场的利率也高。那么用买房的钱来投资其他的理财产品，收益也就比较高。一般来说，当整个社会的基准利率在5%以下时，买房子比较划算。当基准利率提高到5%以上，住房按揭贷款利率达到8%，甚至10%时，买房就未必划算。

上文提到的租金高低的标准和整个社会基准利率高低的标准，是大家判断是否要买房时，应该考虑的两个根本因素。那么，如何把这两个财务标准放在一起考虑呢？我们可以把一年房租的费用与房价的百分比率，与当时的基准利率进行比较。如果前者高于后者，说明现在房租比较贵，应该买房子，反之则应该租房子。

当然，以上都是从财务的角度来做分析。到底是该买房还是租房，不仅取决于你对市场的判断和你自身的财务状况，更取决于你的生活态度。我们每个人可以结合自己的情况，按照前面分析的买房和租房的优缺点来做选择。

理财小建议：如果一套房子的租金回报率能够到达5%以上的话，那就意味着这个房子资产的市盈率低于20倍，是一个优质资产，值得购买。

❷ 购房前要做的几门功课

房子这种资产有哪些特别之处?

房产投资类型多种多样,价格则与土地的性质相关。

大家在买房时,要了解购买的房子对应的土地是什么性质。买房子,买的不仅是房子本身的钢筋水泥,还有这块土地的使用权。城市商业用地、工业用地以及商品房的土地,使用期限也各不相同。住宅商品房的使用期限是70年,而工业用地和商业用地一般是40年到50年。房子对应的土地使用期限,对房产的价值影响极大,因此需要格外注意。

比如有一些商品房,所在土地没有经过国家征收拍卖的过程,就是俗称的“小产权房”。小产权房的建筑跟城市商品房几乎一样,但价格可能只有正规商品房价格的几分之一。不过这种房子的土地性质没有改变,它是将农村集体土地直接卖给开发商,再由开发商盖出的房子。农业用地转换成城市用地,特别是城市商业用地,必须由国家征收和售卖给开发商,颁发了商品房的房产证,才能成为商品房。小产权房没有这个过程,所以产权也不受到保护。

我们老百姓关注的焦点一般是城市住宅商品房的市场。这个市场分为两个性质不同的市场——新房市场和二手房市场。新房市场上的商品房是由开发商售卖的,以前大部分是毛坯房,现在也有一些是装修以后的房子。新房市场又称一手房市场。随着经济不断发展和城市建设逐渐趋于稳定,二手房在房地产交易中的比例将会越来越大。

那么房子有什么特别之处呢?

第一,房子跟股票、债券等金融资产最大的一个区别就是它是有形资产——看得见摸得着。这是很多中国人偏爱房子的根本原因。

第二,房子的价值核心在于土地,尽管土地本身并不稀缺,但是国家对土地使用性质的划分和规划严格控制,使得城市商业用地和商品房住宅用地的数量极为稀缺。

第三,房子是我们的基本需要,不管是为了居住还是出于商业目的,我们都离不开房子和它对应的这块土地。经济学里的一大核心生产要素就是土地。从这个角度来理解,“房子是刚需”是有一定道理的。

当然,我们都需要住房,但是不一定要拥有它,也可以租房子。它可以作为使用的商品,也可以作为有收益的资产被租出去收租金。所以我们要弄清楚一个概念:房子既是商品,又是资产。市场上对房地产市场价格的分析产生错误,根本原因就是有人把房子当成一个纯粹的商品或资产来看待。商品价格与资产价格的运行规律大不相同,判断标准也大相径庭,不可一概而论。此外,房子还有对抗通胀、流动性低、不可分割、可用来当抵押品作抵押贷款等特点。这些在后文中会详细提到。

◎ 买房的几个投资要诀

过去几十年间,中国的房地产市场是一轮波澜壮阔的大牛市行情,只要买入,几乎都是赚钱的。大多数人投资理财获得收益最多的地方也是房地产市场。那么,未来房地产市场的价格会如何变动呢?

首先,房价与经济发展和国民收入是正相关的。经济发展,收入增加,房价就会上升。因此分析未来房价的涨跌趋势,就是分析未来经济能否继续保持高速增长。经济发展势头好,房价自然上涨;经济发展态势下滑,房价有可能也会下跌。

除了经济发展情况,另外一个影响我们房价的重要原因是环境。在房地产市场里,位置决定房价。这里的位置实际上指的是房子周围的环境。比如,你所居住的小区新修了地铁站,房价就会上升;附近的棚户区被拆建成了一个购物中心,周围形成了一片商业区,房价更是会大幅度提升。

其次,在过去20多年中,房价的上升实际上还伴随着城市基础建设的发展。因此我们还要判断未来城市的基础建设会不会继续高速发展。

城市基础建设的核心有三部分:第一部分是交通体系,比如地铁、机场、高铁、高速公路等;第二部分是商业服务体系,像大型购物中心这样的现代化商业形态等,它们极大提高了现代服务业的便利性;第三个部分是公共服务体系,如学校、医院、公园、政府服务体系和公共安全体系等。

最后,除了上述国民收入和城市基础建设会影响房价的基本面,市场面也是一个影响因素。所谓市场面,简单来说就是目前房价是被“高估”还是被“低估”。市场有回到自身价值中枢位置的内在力量,如果房价被低估了,价格表现普遍低于价值,要回到价值中枢就有上升的空间,反之就有下降的空间。

衡量房价的标准有两个公式。一个是房价收入比,即某地区的一套普通房子的价格和该地区普通家庭的收入之比。另外一个指标是租金回报率,可以用来判断所买的房子是否值得。一般来说,房子的租金净回报率就是当时市场的无风险收益率。比如,你用100万元买了一套房子,而这套房子一年的租金可以收到5

万元，那么租金回报率就是5%。如果当时市场的无风险收益率正好也是5%，那就说明这套100万元的房子价格合理。如果租金回报率低于这5%无风险收益率，则说明房价有些偏高，反之则偏低。

据此，大家可以采用一种简单的方式来了解自己住房的状况：咨询中介自己家房子目前的挂牌价格和租金，并计算租金回报率。计算时要注意，一般租金收益指的是净收益，需要扣除出租的中介费、房子的维护费和理论上的税收等。计算出的收益率如果达到了市场无风险收益率以上，那么不用太担心房价下跌。如果租金回报率过低，就要注意一些了。

理财小建议：如果我们的人生是一只小船，房子就是港湾，小船在港湾里可以休整，获得安全，但港湾也限制了小船的活动空间。

❸ 怎么购房更划算?

我们在做买房的财务安排时,至少要先解决四个问题:

第一,你自己出多少钱? 缺口是多少?

第二,找谁借钱来填补缺口? 银行、家人、朋友,还是其他的金融机构?

第三,如果选择按揭贷款,那么还款期限多久合适?

第四,等额本息和等额本金这两种按揭贷款的还款方式,应该选择哪一种?

首先,买房子的钱一定不要全部自己出,而要尽量找别人“借”。国内各个城市不同类型的房子首付比例不一样,但我们建议尽量选择最低首付——即使你有足够多的钱,也不要全部用来支付首付。因为现在银行按揭贷款的利率非常低,能以按揭贷款的利率借到钱其实就是赚到钱。

其次,我们在借款买房时,首先要尽量多地使用公积金贷款,并且要将这个额度用到最大。使用公积金贷款后还不够的部分,就选择银行按揭贷款,这样就完成了整个购房费用的组合。除了上述两种方式,不建议找亲友或者其他商业机构借款。不找亲友借款的原因在前文讲债务时提及过,我们在借款时应尽量避开私人间的借贷,而更多地借助现代金融机构合理安排资金。而其他类型的商业贷款的还款期限通常比较短,利息则要比住房按揭贷款的利息高出许多,不适合用于买房,所以原则上不予以考虑。

再次,贷款期限越长越好。因为货币的时间价值决定了货币是会贬值的。还款的期限越长,那么你所还的钱的际购买力就越低。换句话说,相当于你每个月要还款的金额随着时间的推移会越来越少。

这里要特别说明的是,公积金贷款的还款期限和商业银行住房按揭贷款的还款期限是不一样的。公积金贷款的还款期限通常不会太长,而银行住房按揭贷款的最长期限可以到30年。

最后,来了解一下买房的两种主要还款方式——等额本息和等额本金。等额本息还款法就是每个月还款的额度始终不变。如果你第一个月还款3000元,那么到了还款期限的最后一个月,你所应还款的金额仍是3000元。等额本金还款法就是,前阶段每个月还款的额度很高,未来每个月还款的金额会越来越少,到最后只需还本金,而无须偿还利息了。

一般情况下,建议大家选择等额本息还款法。因为这种还款方式符合了上文提到的两个原则——尽量多借款——尽量延长还款期限。等额本金还款法和等额本息还款法一个最大的区别在于,等额本金还款法在前期要求你偿还更多的金额,这实际上是一种变相的提前还款,而等额本息还款法是将本金的还款期限尽量推迟。那么能够越迟还款,你就越“赚”。等额本金还款法还有一个好处就是,因为每个月还款的额度是确定的,你在做财务预算和财务安排时也就相对比较容易。

但是,如果你清楚地知道自己未来的财务状况会比现在差,还款压力也会越来越大,那么则可以考虑选择等额本金还款法。

当然,除了上述四个方面的问题,我们在购房后还会面临很多延伸的财务问题,比如提前还款和贷款展期的问题。如果用按揭贷款的方式购房,那么我们不必提前还清贷款。但有几种特殊情况可能要提前还贷款。

第一种情况是,我要出售这套房子。

第二种情况是，我想买二套房或三套房，但因为之前的按揭贷款没有偿清，无法购买或再向银行贷款。

第三种情况是，房子需要抵押给银行获得抵押贷款，必须把按揭贷款先还清。可能有人会问："我要跟银行借钱，还得先还清之前借的钱，这不是瞎折腾吗？"其实这两者之间并不矛盾。比如一个人之前买了一套房子，找银行借了100万，这套房子现在已经值300万了。在此期间，他的按揭贷款已经还掉了50万。这时如果他急需用钱，但手头又没有足够的现金，那么他就可以以过桥贷款的方式，先还清余下的50万按揭贷款，再将房子抵押给银行，获得抵押贷款。通过这种方式，他最高可以获得房价五成的抵押贷款。那么这套价值300万的房子可以抵押出150万的现金。用这笔钱还掉50万的过桥贷款，他还能获得100万额外的现金。这是通过房子实现灵活财务安排的一种基本操作。

第四种特殊情况是，手头的债务较多，同时可支配的现金也很充裕，那么也可以考虑提前还一部分。

最后需要说明的是，上面提到的买房相关的财务安排都要基于一个前提：银行按揭贷款的基准利率水平较低。如果我们的基准利率提升了，住房按揭贷款的利率也上升了，那么上面提到的建议可能就要有所调整。当然，我们出于刚需而买房子时，在财务安排上应该更慎重一些。除了参考前面介绍的原则，还要考虑家庭的整体财务状况和债务水平，包括未来收入的预期。

理财小建议：房子可能是我们这辈子购买的最大的东西了，无论多慎重和仔细的分析评估都不是多余的。

❹ 房产投资的其他选择

◎ 新零售热了，商铺会是个好投资吗？

以前有一个说法叫“一铺养三代”，意即一个商铺可以供养三代人的吃喝。商铺的商业价值非常高，而且现金流稳定，是较好的被动型收入渠道之一。但是商铺的价格差距非常大，处于繁华地段的商铺，一年的租金就高达每平方米上百万。一些商铺可能在设计、建造和位置上都差不多，但是价格却相差十几倍。比如南京路步行街的巷子口商铺，和巷子里20米处的商铺价格就差别很大。

那么到底是什么决定了商铺的价值呢？在前文中曾提到的判断房子价值的租售比，即房子一年获得的租金收益与房价之比，应该等于当时市场的无风险收益率，这同样适用于对商铺的判断。不同之处在于，住宅的租金收益达到当时市场的无风险收益率就可以接受，但是商铺不行。

原则上，商铺的租金收益要跟当时市场资本的平均收益率保持一致。什么叫整个市场资本的平均收益率呢？比如，从1992年到2012年的20年间里，中国的资本平均收益率大约在15%；简单来说，相当于投资中国土地的资本平均收益率约为15%。

15%这个数字基本上和这20年里中国经济的名义增长率是一致的。它也反映了在过去20年里，中国的投资回报相对来说非常丰厚，但是人们并没有获得超额收益，因为它只是跟整个中国经济的增长保持了同步。这个数字决定了在这过去的20年中，商铺的租金收益率一般要达到10%以上。至于为什么没有达到15%，则是因为商铺的租金收益风险比投资商业项目小很多，收入也更稳定，所以能期待的收益会低于投资商业项目。

大家可能会奇怪，为什么商铺的租金回报会比住宅的租金回报高那么多？这要从投资逻辑的角度来看。首先住宅的租金回报更稳定，商铺的租金回报受市场波动影响很大。投资的逻辑是高风险，高收益，这是亘古不变的。其次，住宅与商铺这两类房产性质不同。买住宅商品房，实际上是一次性买下了70年的土地使用权。而商铺一般只有40年至50年的使用权。而且，住宅的租金回报有很多税务处理方式，可以安全地规避掉税务成本。但是商铺的租金收益属于商业收入，纳税比例高并且几乎无法完全规避。所以，用租金回报率的公式来判断商铺价值时不向无风险收益率的水平看齐。

分析商铺的价值，可以利用两个模型：一个是人流模型，另一个是资本密度模型。

人流模型是指一个商铺价值取决于其租金，而一个商铺的租金取决于每天经过这个商铺的人流。比如，麦当劳、肯德基在选择店址的时候一定会观察商铺一周当中每一个小时经过门店的人流数。此外，还要做商圈调查，了解经过店面的人员特征、经过状态等。经过精确调查以后，商铺的租金和价值就有了具体的参考数值。

资本密度模型就是单位土地堆积的资本量，这与该土地上人口密度成正比，同时也与土地上每个人的平均财富水平成正比。资本密度模型可以用来参考房地产的内在价值。前文分析房地产时,已经知道同样都是土地,因使用方式不同,价值就会相差多个数量级。那么为什么土地的用途不同,价值就会差距悬殊呢?这就是资本密度的缘故。所谓资本密度就是单位土地上堆积的资本数量。100亩土地被人投资100亿,资本密度就是每亩1亿。

土地的资本密度由两个主要因素决定,一是人口密度,二是人口的资本强度,即土地上的人口现在拥有的财富和将来的赚钱能力。此外,资本的流动会深刻影响一个地方的资本密度。如果一片土地有大量的资本流入,房价就会有上升的趋势,反之则会大幅下降。

因此一个地方的房价,基于住宅、商铺、办公楼、工业用房等形式的不同,基本定价标准就不同,但是房价未来的升降趋势,都是观察三个方面。第一,当地人口是流入还是流出;第二,当地人是越来越富有,还是越来越贫穷;第三,地方的政策调整或者产业的变化,是否导致了资本的大量流入或者流出。比如,雄安被国家划分为新区后,房价就在暴涨。

因此分析房价,不能只看当地政府出台的调控政策、学区建设和房子限购等对房价只具有短期影响的因素。房价基本的发展趋势取决于人,尤其是有钱的人和有才的人的流动。这些人群的资本密度很高,他们的来去就会影响房价的涨跌。

◎ 还有哪些类型的房子可以投资?

随着市场化的不断推进,又出现了很多的新式房产:旅游地产、养老地产、小产权房,还有各种五花八门的新式房子:房改房、经济适用房、廉租房、公租房和安置房……这让很多人又纠结起了房价的涨跌问题。还是那句话,这些东西对房价的影响微乎其微,不必过于在意。

这里我从五花八门的房产中挑出几个大家比较关注的房产类型,简单地分析和判断是否值得投资,以供大家参考。

第一类是小产权房。中国的小产权房数量巨大,尽管不可能把所有的小产权房直接拆掉,但国家也不会给所有的小产权房颁发房产证。所以小产权房未来的价值判断不确定性太大,无法确切做出价格升降的预判,带有无法预估的风险。我建议对这类房产敬而远之。

第二类是商铺。商铺的价格变动非常大,也易受商业形态的影响。现在"互联网+"的发展模式对商业形态和经济形态的影响不言而喻,对商铺的价值影响自然也很深刻。电子商务已经成为一种常见的购物方式,人们对于商铺——特别那些销售商品的商铺——需求量急剧下降,这对商铺的价格影响极其致命。当然,也有电子商务无法取代的商铺,那就是从事服务业的商铺,比如理发、电影、美容、按摩、足疗、儿童乐园、健身中心等需要顾客亲临现场的商铺。所以,购买商铺需要了解商铺的规划,或者其适合的商业形态,如果只能用于从事零售业,那么未来价值受到的影响和冲击就可能较大。反之,如果是服务性的、体验性的商业形态,所受影响相对会小一些。

还有一点需要注意,大家以前买房子可能关心的是房子的位置,并不在意开发商。实际上,特别是对于商铺类型的房产,我们需要特别关注开发商。因为不同品牌、级别的开发商,在商铺经营这方面,其规划能力、定位能力以及吸引人流的能力差距非常悬殊。这些规划、定位、吸引人流的因素,恰恰是决定商铺价值的根本因素。

第三类是一度比较火热的养老地产和旅游地产。这类地产概念很吸引人，设计也花哨，但很多人买了以后发现以后并不想在那居住。所以，在购买这类地产之前要考虑清楚，一年里是否至少有三个月以上的时间愿意住在这个旅游景区，或者是否愿意在此养老。总之，还是要结合个人实际情况考量。

第四类就是工业用房，比如厂房、仓库、工业园区的地产等。假如确实要建厂而且将会长期使用，那么可以考虑适当地购置。未来经济的发展更多的是集中在第三产业，对仓库、生产车间的需求量增长将会显著地放缓。过去十几年，各地政府都很热衷于建设园区，旧的园区尚在空置，新的园区却还在兴建。因此对于工业用房，不建议大家持有。

第五类是办公楼，因为在未来，第三产业在中国发展的空间还很充足，所以办公用房的需求现在仍然在上升，尤其是在中心城市的核心城区。与此同时，现代办公的方式也在遭受互联网的挑战。也许若干年以后，现在这种大家在固定时间，汇聚在固定场所办公的模式就会消失。一个公司哪怕人再多，也不一定都要聚集在同一个地方办公，在家里也能完成公司运作的所有内容。互联网让未来的一切皆有可能。这种模式一旦普及，对办公楼市场的冲击之大可想而知。

第六类是俗称的“农民房”。大家知道，农民住房的面积比城市人大很多，但住房并不值钱。除了地处农村，交通不方便等缘故，还有一个主要原因，就是农民住房不能进行交易，即不能买卖、流通，所以价值受到了影响。中国经济深化改革的过程中，三农问题一直是必须要面对和解决的问题，其重点之一就是农村土地的流转问题，包括用于生产的农业用地以及用于居住的宅基地的流转。

这样的改革趋势正逐渐提上日程。农村土地的流转如果出现突破，将是一个巨大的市场机会，但也存在不容小觑的市场风险。其中的机遇在于原来不值钱的农村宅基地和农民住房在可以转让以后，价值将会极大提升。风险则在于土地的自由流转会带来大量土地供应的增加，对房地产市场压力巨大。

理财小建议：房子主要还是用来住的。

第十章
打造优质生活

❶ 体面生活的理财技巧

◎ 想提高生活品质，钱怎么安排？

上文中跟大家交流了买房相关的问题。除了买房以外，我们生活中可能还会碰到两笔比较大额的支出：一个是买车，另一个是装修。

如何相对科学合理地安排买车和装修呢？我们在此做一下基本的分析。

首先，车子作为一种代步工具，不是必需品。我们在生活中还能选择其他工具实现代步，比如公共交通、出租车。虽然私家车确实更为便利，但买车作为一种消费，还是要跟自身的财务水平相匹配。

什么价位的车子属于合理消费呢？车价大致为10个月的家庭收入比较合适。假设夫妻俩每个月收入3万元，那么他们购买一辆30万元左右的车子是可以的。当然如果再节俭一点，买一辆20来万的车子也算合理。

那么为什么不买更贵的车子呢？首先，必要性不大。从实用性的角度看，100万的车和30万的车相比，差距并不大。如果为了一个代步工具，而让自己的财务陷入紧张的状态，那就不值得了。其次，车子作为一种商品，贬值非常快。新车刚买来的前5年，每年会贬值10%，每年用车的成本大约是车本身价格的10%～15%。在购买5年以后，价值只剩下原来的30%左右。如果你买一辆100万的车子，每年就要贬值十几二十万，再加上养车的费用，一年也要花费十几二十万。那么你每年开车的成本就要达到近30万。也就是车子越贵，使用的成本越高。对于一个年收入100万以上的人，这可能不成问题。但是对于一个年收入只有30万的人来说，这就不属于合理消费了。所以大家在买车的时候，不仅要考虑能不能买得起，还要考虑能不能用得起它。把这些账算清楚了，才可以做出理性的决定。

对于买车，还有一个建议是不要贷款买车。因为很多车行，包括汽车公司，都有专门的财务公司提供融资购车的服务。比如，你看中了一辆100万元的宝马汽车，但是你暂时拿不出这么多钱。宝马公司会让你零首付把车开回去，以后每个月按揭交款，甚至无须交利息。表面看来这是免息贷款，但其实并没有真正的免息。如果你全额付款，就能享受各种优惠、打折、礼包等，而按揭贷款买车无法享受这些优惠。不仅如此，你可能还需要支付保险费等其他额外的费用。实际上，零利率只是一个销售的噱头。

我们一般什么时候开始买车？这个因人而异，你甚至可能在你成年的时候就拥有了第一辆车。有了车，可以节省花费在交通上的时间，并放大自己的活动空间，更好地融入社会。但是，年轻人不必用父母的钱购买过于昂贵的车，尤其是在父母经济并不是特别宽裕的时候。其实对年轻人来说，买二手车作为第一辆车，是非常适合的。第一，二手车便宜。作为新手，遇到剐蹭也不会造成太大损失。第二，二手车可能会出现各种各样的小问题，这样能让年轻人更快地掌握车子的基本性能和维修保养的常识。在国外，一般孩子成年了，父母都会给孩子一辆二手车。等工作后，孩子自己有了一定的经济基础，再换一辆新车。

下面再来简单说一说房屋装修。在中国，装修的花费通常比较高，水也很深。如果找一家非常规范的大型装修公司来做家装，那么预算很可能会非常高。

但一般来说，装修的预算建议不超过房价的10%。如果你买的是毛坯房，房价总共为300万，那么你花费30万来装修就可以了。为什么这么说呢？大家只要记住一个原则：再时尚的装修，三五年以后也都会过时。加之装修的材料，三五年以后也就旧了，10年以后基本上得换新的了。当然如果你选材选得特别好，比如实木家具，那么维持的时间会更长一些，但管道、线路等一般20年后一定要更换，否则会有很大的隐患。

所以，装修并不是一劳永逸的，一般平均只能维持10年。那么我们装修的预算就平摊在未来10年里。如果你为了一套房子装修花了80万，那意味着你每年装修要花费8万元钱。

大家可能觉得，用不到房价10%的价格来进行装修，可能会存在质量的问题。确实，在挑选装修材料时，最好选择健康的材料，尽量避免人工材料，因为这类材料通常会添加大量的化学药品，对我们的健康不利。那么如何在保证质量的情况下控制成本？那就需要装修尽量简单，能够实现基本的生活功能就可以了。家庭生活的各种需求、情趣和艺术的体验，可以通过软装饰的方式来实现。因为它可以重复使用，并且可以随时做出调整。

最后，来谈一谈装修的财务安排问题。凡是消费品，尤其是消耗性消费品，都不要选择负债的方式来购买。因为贷款不仅会产生财务成本，而且很容易让你的消费超出你的财务能力。只有把自己的消费安排在一个合理的范围，你的财务才能保持健康。

◎ 换个城市生活，要多少钱？

现代人越来越多地碰到一件事——转换生活空间。转换生活空间的情况大概分以下几种。

第一种：从一个地方换到另外一个地方生活，但仍在国内，比如从农村迁至城市，从小城市迁至大城市。当然这个转换又分成两种情况。一种是永久性的，乃至于户籍上的转换。另外一种只是生活空间发生了暂时性的转换，户籍并没有变化。

第二种：从国内移到国外。这里同样分为两种情况：一种只是到国外去工作、生活或学习，但是公民身份没有变；另一种就是移民。

那么国内和国外的转换最大的不同就是：一旦移居到另外一个国家，无论是移民，还是到国外工作生活，都要遵循那个国家相关的法律法规、生活方式，甚至宗教信仰。

还有一种很特殊的情况：身份归属转换了，但是生活空间不变，比如有人办理了海外移民，但他还是在中国生活。

在国内，比较多见的是不同级别的城市之间的转换，比如从农村到县城，再到武汉、沈阳、西安这样的中心城市，甚至于到北上广深这样的一线城市去寻找更好的发展机会。

当然现在也有从大城市向小城市转换的现象，即所谓的“逃离北上广”。那么无论是到北上广，还是逃离这些大城市，其实都出于个人生活方式的选择。但是，我们要清楚的一点是：这种选择会对我们的生活和财务产生重大的影响。我们要在选择之前就对后续可能产生的影响做出清晰的评估。

那么，转换生活空间对我们的生活和财务会产生哪些相应的影响呢？

前文提到，最常见生活空间的转换，是从农村或小城市来到大城市。那些原本身处农村或小城市的尚未成家或处于单身的年轻人到大都市去寻找工作机会，面临更大的竞争压力，在全新的社会背景和环境下接受挑战，发掘自我潜能，是特别值得鼓励的事情。尽管这些人在城市中可能面临巨大的生活压力，甚至无法在短期内拥有自己的积蓄，但我相信年轻时在大城市打拼的经历都将是他们一生的宝贵财富。

最后，来谈一谈移民的问题。移民作为个人生活的一种选择，没有绝对的对错之分。在此，我想补充几点与此有关的建议。

首先，考虑到选择移民的大多是高净值人群，而所去的国家市场经济通常比较发达，法制也比较健全。而且，这些国家的税务通常多而杂，而对税务的监管和处罚力度也与国内完全不同。所以我建议想移民的人提前做好准备，一旦转换身份之后，就要遵守你所在国家相关的法律法规。其次，选择移民也无须有心理障碍，觉得放弃了中国国籍就是不爱国。其实这没有关系，移民涉及的只是户口问题，跟爱不爱国没有直接的关系。所谓爱国不是爱这个国家的户口，而是爱这个国家的人民，这个国家的文化，这个国家的语言、文字、历史和传承。客观上说，移民到世界各地的华人，在生活上往往会面临更多的困难和磨难。但同时，他们对传播中华文化，延续中华文明也做出了很大的贡献。

理财小建议：我们已经进入了可以自由选择生活地点的时代，在生活空间上的更多尝试对于我们生命的视野和体验是有益的。

❷ 养育子女的家庭计划

◎ 养大一个孩子要多少钱

对于新中产家庭来说，养育孩子是家庭生活中非常重要的一部分。我重点给大家分析一下，生孩子对我们的财务有多大的影响。

我们先来算一算养育子女带来的财务成本。最直观的方式就是把生孩子直接产生的成本列出来。比如，怀孕期间所需的营养费，到医院做产检、生产的费用，产后月子中心的费用，给孩子请保姆的费用，尿布、奶粉和其他孩子所需用品的费用，一直到孩子上学，甚至结婚时的花费。

除此之外，女性还需要为生孩子而付出时间成本和机会成本，因为生孩子前后，女性的个人事业将会受到一定的影响。比如，错过升迁的机会，请假带来收入的减少，无疑都是生孩子产生的巨大成本。现代社会女性的地位和收入都上升了，女性的时间成本也变得更高，生孩子对女性所产生的时间成本也就相应地特别高。

那么如果选择生孩子，是早一点生还是晚一点生呢？是只生一个还是多生几个呢？首先，从经济的角度来说，早生比晚生好。原因很简单，父母要承担生孩子所带来的金钱和时间成本。在女性还比较年轻的时候，其社会价值和时间成本相对比较低，这时候生孩子付出的成本也就相对较低。另外，从孩子的成长，甚至父母自身事业的角度考虑,早生也有好处。在你事业蒸蒸日上的时候,孩子已经长大成人,能够跟你沟通,在事业上互相支持和帮助。

其次,从经济学的角度看,多生比少生好。首先在直接成本上,有人分析过,如果养1个孩子要付出的成本是1的话,那么养2个孩子大概只要付出1.6,也就平均每个孩子只要付出0.8个成本。如果养3个孩子,平均每个孩子的成本是0.7。如果养4个孩子,平均成本则更低。因此,从直接成本的角度看,生一个孩子是最不经济的。

正如前文所分析的,养孩子最大的成本主要是父母的财务成本,以及父母的时间成本。如果你养几个孩子,而且几个孩子出生时间间隔比较短,比如两三年,那么其实节省的时间成本更大。假设把1个孩子养到8岁作为大前提,那么你养1个孩子的时间成本是8年,而如果你养3个孩子,每隔2年生1个,把这3个孩子养大,一共只要花12年。因为当第一个孩子到12岁的时候,第三个孩子也到8岁了,平均每个孩子所花的时间成本只有4年。这样直接的财务成本也会少一些。这就是所谓的规模效应。

养育孩子的方式只要符合自己的经济能力即可。养孩子,无论是日常生活还是提供教育都是我们家庭消费中的一环。跟自己财务资源相匹配的消费,才是合理的、正确的消费。

总之,养育孩子是我们生活当中一个必不可少的、自然的一环。我们在处理这一问题时,一定要回归常识,回归人性,回归生活的本质。

◎ 来场说走就走的旅行

我们在结婚、买房、买车、装修、养育孩子等方面的费用都属于人生的重大开支。

当然还有一些开支不是特别大，但是对财务不是很充裕的家庭而言可能也要提前安排，比如出国旅行。旅游费用可以归为家庭日常消费当中的弹性支出部分。这部分费用虽然不是必须要支出的，但还是能影响到我们生活的品质。

如果你在未来要安排一次比较大型的旅行，那么你需要把它的财务安排分解到每个月。假设你想到欧洲来一次奢华的旅行，预算在8万元左右。那么这8万元费用将分摊到你每个月的弹性支出里边。如果你原来每个月的计划弹性支出是5000元，那么你现在每个月省3500下来，那么你每两年就可以来一次计划中的欧洲游，同时也能控制在你的合理消费范围内，对你的财务基本上不影响。

当然还有一种情况可以实现这种旅行的安排。比如今年公司业绩不错，或者你的劳动表现非常好，公司给你额外发了一笔奖金，那么你可以用这笔收入做一个额外的奢侈安排，比如一次旅行，或者买一件心仪已久的奢侈品。

其实，像这种提高生活情趣或者品质的特别事项，是应该放到我们家庭每个月固定开支当中来安排的。中国人有个习惯叫作“穷家富路”，就是在家里生活非常节俭，但是只要出门在外该花的就要花，千万不要节省。其实这种心态还是把旅行当成了生活中的特殊事件。如果我们能把旅行当作跟我们日常生活一样的普通事件，实际上也不必那么奢侈。

理财小建议：养育子女的开销是我知道的花得最值的钱。

❸ 富足尊严的养老规划

◎ 养老规划要趁早

随着现代金融制度的发展，养老这件事逐渐从交给下一代变成了我们自己的事，因为我们完全可以通过现代金融工具，提前安排好自己的养老生活。

要做好养老规划，重点要解决两个问题：第一，养老要花多少钱？第二，这些钱从哪来？

首先，要知道养老需要花多少钱，又要考虑三个问题。第一，你打算在哪儿过你的退休生活？不同国家、不同城市的消费水平是不一样的。第二，你打算过什么样的退休生活？不同生活方式所需的财务资源是截然不同的。第三，你打算什么时候退休？这一点常常被人忽视。它包括你退休的时候年纪多大，以及你什么时候达到这个年纪这两个关键的小问题。

我们通常理解的退休年龄就是国家规定的法定退休年龄，但这可能并非是每个人真实想选择退休的年龄。这里的“退休”不是指不再工作，而是指一种财务的状态，即不需要通过劳动赚钱就能过自己想过的生活。因此，对于有较高财富积累，又希望享受生活的人来说，当然会希望能早一点退休。对于一些缺乏财务资源的人来说，养老金不足以支撑日常的生活，因此到了法定退休的年龄仍不得不继续工作。现在退休所需的财务资源与30年以后再退休所需的财务资源是完全不同的。好比一元钱在40年前可以让一个普通人生活一个星期，而放在现在只够骑一次共享单车。所以，决定多大年纪退休是规划养老生活时一个极其重要的内容。除此之外，退休年龄还涉及你退休以后还要生活多久，这也影响到对财务资源的需求量。随着医疗技术的进步，人类的平均寿命也在不断地延长，在思考养老要花多少钱的问题时，也要考虑这一因素。

退休以后期望过什么样的生活，以及需要多少钱，往往不是由我们自己决定，而是由我们所处的环境决定的。人是社会的动物。有科学家提出，现代人的幸福感往往取决于“邻居”，这里的“邻居”可以指与你有较密切关系的人，可以是亲人、朋友、同学、同事等。举个例子，你每天都吃红烧肉，而你的“邻居”每天只能吃青菜豆腐，那么你的幸福感就会很高，但如果你的“邻居”每天都吃山珍海味，那么你的幸福感可能就会下降。本书第一章里有一个与此对应的理财概念，即保持自己的财富地位。保持自己的财富地位，实际上就是跟整个社会的消费水平同步成长。假设现在你和你的邻居一个月消费水平都在5000元，24年以后你会退休，预计未来每年通货膨胀率约3%——这意味着24年后货币贬值了一倍——那么24年后你想保持跟现在一样的消费水平，仅仅按照通胀率来计算的话，需要每月花1万元。遗憾的是，即便那时候你每月消费1万元，你仍会感觉自己的生活水平大幅下降。这是因为你的生活水平比不上你的邻居了。在考虑通胀的情况下，假设经济增长率达到9%(在考虑通胀的情况下，实际经济增长水平在6%)，那么，老百姓的收入和消费水平至少也要达到每年9%的增长。因此24年以后的消费水平将是现在的8倍。也就是说，24年以后，你的邻居消费水平是一个月4万元。

除了退休后的日常消费外，还有两块非常大的支出也要纳入考虑：一是为老年人提供的护理和服务，二是医疗开支。未来这两种费用的上涨速度将远超过通胀水平。因为中国老龄化现象比较严重，医疗和护理供不应求带来的必然结果就是价格的上升。当然，每个人生活的城市不同，退休的时间不同，退休时的年龄不同，理想的退休后生活也不同，需要的退休金也不一样。如果夫妻俩生活在北上广深这样的一线城市，并且有房有车，假若两人现在退休，有300万到500万元应该就能过上比较安逸舒适的退休生活。如果是在普通的城市，这个费用可以相应降低。但是，对于大部分80后、90后来说，退休是30年以后的事。而30年以后有这样三大趋势：一、社会老龄化状况；二、平均寿命延长；三、中国的整体消费水平趋近发达国家水平。如果将这些因素考虑进去，那么在北上广深这些一线城市生活的夫妻，想要度过安逸的养老生活——假设通胀率保持在3%，而中国经济未来还能够保持中高速增长——可能至少需要1000万。

在了解养老需要花多少钱之后，还要知道这些钱从哪来。退休金主要有五大来源。

第一，子女的赡养费用。

第二，工作单位的补充养老金。

第三，国家的养老金。国家发放的养老金，未来在金额总量上一定是越来越多，但它在我们需求的养老金中所占的比重会越来越少。你现在的生活水平越高，国家养老金能够给你提供的养老保障的比例就越低，即“替代率”越来越低。事实上，国家的养老金主要是起兜底的作用。

第四，商业保险。首先，商业保险与国家养老金的最大不同之处在于，商业保险是确定的，而国家的养老金是不确定的。在购买商业保险的时候，你能清楚地知道，什么时候能够领到多少钱。当然，随着法定退休年龄的延迟，你能够拿到养老金的时间也会越来越迟。其次，商业保险是线性的。比如一个人交了 1 万元保险，另外一个人交了 10 万元保险，那么未来，后者拿到的钱肯定是前者拿到钱的 10 倍。国家的养老金则不是线性的，缴纳养老金的多少与领取养老金的多少不成比例，因为国家养老金的制度设计，需要照顾中低收入家庭。

第五，自有资产。如果你拥有房产、股票、债券、收藏品、基金，那么退休的时候可以用这些资产来应对自己的养老生活。要想提前过上尊严富足的退休生活，一定是主要依靠自有资产，通过“以钱生钱”增加被动性收入的方式来实现。

总而言之，养老规划中要注意的两个关键点：一是你需要比预想中更多的财务资源才能够安心养老；二是财务资源的来源似乎有很多，但最重要、最核心的一个来源就是你自己构建投资组合，而其他来源只能作为补充。

◎ 避开养老规划的“雷区”

在做养老规划时，我们往往会遇到的第一个问题是养老的资金和其他生活资金冲突。这时，我们可能会把本该留给自己养老的钱花在别的地方。

首先，孩子读书要花钱。接受教育是他们应有的权利，父母哪怕自己省吃俭用，都应该让自己的孩子接受基本教育。现在的城市家庭生活条件普遍比较好，孩子上大学的钱由父母提供也无可厚非，但孩子大学毕业以后继续教育的费用应该由孩子自己来承担。父母拿出钱来支持孩子的继续教育的前提就是不会给自己的生活，尤其是养老生活带来重大影响。其次，孩子买房子时，父母在经济条件允许的情况下可以帮助孩子，在他筹备首付的时候给予一定的支持。但是，前提是父母自己的养老生活不会受到重大的影响。因为把你自己的生活安排好才是对孩子最大的帮助。如果将钱都给孩子买了房子,自己生活却不能有基本的保障,孩子住着能安心吗?

养老规划中第二个常见的误区是,很多人在年轻的时候投资极其保守,老了却开始做各种激进的投资,或者去做自己完全不熟悉、不了解的投资。

年轻时期,你如果打算储备养老金,就应该积极进取地投资,适当承担一点风险,因为对你来说,离退休用到养老金可能还要20年、30年,甚至40年。实际上,只要时间足够长,市场的风险是可以抹平的。但是,如果已经退休,那么手上的钱就是用于养老的钱,这个时候绝对不能再去做一些激进的投资。对于已经退休的老年人来说,他的投资应该趋向于安全、保守。

养老规划的第三个问题就是,把养老的钱集中买一种产品。

我们的建议是,如果说用于养老的钱不能承受太大的风险,那么投资时就要尽量分散一些。如果你手上有100万,那么原则上你至少要买六七种产品。可能那些高起点的产品收益比那些低门槛的理财产品收益高,但是它可能把你大部分甚至全部的养老资金都套进去,让你的养老面临巨大的风险。如果你能够把你养老资金放在不同的篮子里,哪怕你买的某个理财产品亏损了,也不至于让你的养老生活立刻陷入困境。

所以在做养老资产的相关财务安排时,要记住几个关键点。第一,投资要相对保守一点,安全一点。第二,在做投资选择的时候,一定要明白你投的是什么。第三,如果没有相关的专业知识,那么就把资金分散一下,至少分成5份来做投资,或者给自己定下标准,比如购买任何一个具体的理财产品不超过全部养老资金的20%。这样即便其中一项投资血本无归,你的养老生活的整体品质不会受到太重大的影响。第四,老年人在买理财产品时,因为养老金随时要用于生活的开支,所以不宜选择那些期限太长的产品。

银监会曾经发布过一个理财人员错误销售的典型案例:一位80岁的老人到银行存钱,却被工作人员忽悠买了一个为期10年的保险产品。该产品虽然可以提前支取,但要收取较高的惩罚性的赎回费用。对于这位老人而言,这笔钱就是要用于养老生活的,因此向其推荐长期的理财产品属于典型的不当销售。

◎ 遗产规划:不止关乎钱

遗产规划对于大部分80后、90后来说还比较遥远,而年纪在七八十岁的人在年轻时代没有赶上改革开放之后财富快速增长的好光景,财富水平通常不是太高。因此遗产规划在目前的中国并不是一个大众的话题,但在一个系统的家庭理财规划中,遗产规划仍是不可或缺的一块内容。

首先,一谈到遗产规划,大家关心的问题可能是:我们国家将来会不会开征遗产税?如果开征,怎么才能让我的继承人少交一些遗产税?其实,我们需要优先考虑的是你的钱是否应该传给孩子。

遗产规划的本质,其实就是用你在这个世界上创造出来的财富最后实现一次你人生的愿望。这个人生愿望,也许不止在于给孩子留一点钱,比如还可以选择把自己的一套房子折现后在自己的母校设立一个奖学金。这样一来,你留给孩子的财富将远超过把这套房子给你的孩子。你的孩子可能不缺一套房子的资产,但如果你将这部分资产拿去做有意义的事,那么你的孩子获得的将是精神和道德上的财富。所以,遗产规划中财富的传承不一定只是钱的传承,也可以是精神和道德的传承。

其次，你的遗产要先用于结清遗留的债务。这个债务不一定是欠别人的钱，也可能是欠别人的情和恩，或者应尽的责任。解决了这些未尽的事宜，再将剩下的钱留给孩子，或留给自己想关爱、帮助的人，又或是用来实现自己未了的心愿。

再次，为了不对你的遗产继承人造成困扰，要把自己的遗产整理清楚。比如，有些人会将自己的财产放在一些特殊的地方，如果不告诉子女，他们可能永远也拿不到。另外，如果要订立遗嘱，那么就要做好对相关的财务资源的安排。订立遗嘱之前首先要做的就是要弄清自己的财产总共有多少，分别存在哪些账户里，以及房产、收藏品等各类资产都要一一罗列清楚，再决定将这些资产给谁。

最后再来谈一谈遗产税的问题。首先中国目前没有遗产税，以后会不会有开征也不能确定。我们不建议为了还不存在的遗产税，过早地把财产先转给孩子，甚至早早将房产证上的名字改为孩子的。另外，如果过早地将财产转移给孩子，可能会产生一些风险。比如，孩子结婚后，这部分财产就会成为夫妻的共同财产，如果孩子遇到了债务问题，那么这套房子可能会被用来偿债。如此一来，两代人的资产就没有了。

当然，大部分读者现阶段还无须做遗产规划。但从理论上讲，即便你现在很年轻，只要你拥有了资产，都要做遗产规划。另外，很多家庭可能只有一个孩子，但千万不要觉得把钱都留给这一个孩子，就不存在遗产规划的问题了。其实，通过做遗产规划，能够帮助你理清所有的资产，从而对自己的家庭、财务资源，需要承担的社会责任，以及未来人生的终极梦想，做一个彻底的思考和整理。这样的思考和整理过程，对于安排好你当下的生活具有非常重要的意义。

理财小建议：理财就是理生活，生活安排好了，财务自然就好了。